そのときラジオは何を伝えたか

熊本地震とコミュニティＦＭ

米村 秀司

ラグーナ出版

序　「コミュニティFM」の行方を模索

震度7を2回も記録した熊本地震。地震はその後も断続的に続いた。

地震発生直後から熊本シティエフエムは「防災メディア」として懸命に生活関連情報を伝え続けた。

熊本シティエフエムの松本富士男社長から電話があったのは、地震発生から1週間も経たない時だった。

「明日から臨時災害放送局へ移行する。これまでの対応とこれからの動きをまとめたい！」

私は熊本へ向かった。

八代市から熊本市までの間は、多くの民家の屋根がブルーシートで覆われ、大地震のつめ跡を残していた。

社内のロッカーや備品棚があちこちで倒れ、CDなどが散乱した熊本シティエフエム。こうしたなかでも、スタッフらは懸命に放送を続けていた。
コミュニティFMは災害時の有効メディアとして各地で開局している。その数は全国で300近くになる。コミュニティFMが災害時の有効メディアとして機能するには、「取材力の向上」「放送を支えるための財務上の余力」など、さまざまな課題を克服しなければならない。

開局20年を迎えた鹿児島シティエフエムは、開局時から同様の歴史を有する熊本シティエフエムの災害対応を検証することで、「地域に寄り添った放送とは何か」を改めて考える手掛かりにしたいと思う。
そして、全国のコミュニティFMの経営者や現場スタッフが「災害報道の在り方」を考え直すきっかけになれば良い。

私の学生時代に起きた「TBS闘争」。この闘争は、成田空港の建設をめぐって農民や学生たちと機動隊が衝突する事態を、取材者はどのような立場で「今、何を報道すべきか」がひとつの争点でもあった。

この闘いに共感したテレビマンたちは、テレビのことを「お前はただの現在に過ぎない」と評した。同名の本も出版され、多くの学生やジャーナリストに読まれた。テレビだけではない。「ラジオもただの現在に過ぎない」。だからこそ有事（災害時）には、「今必要とされる情報」をいち早く、そして繰り返し伝えることで、有効な「防災メディア」としてコミュニティＦＭが機能すると思う。

「今、被災者が求めているものは何か」
「今、行政が出すべき情報は何か」
「今、救援者に伝えたい情報は何か」

すべては「今、何を放送すべきか」である。

全国のコミュニティＦＭが「防災メディア」として機能し、地域から信頼されることを願う。

そのときラジオは何を伝えたか――目次

第1章

第2章

第3章

第４章

はじめに

まさか！が起きた。

２０１６年４月14日午後９時26分、震度７の地震が熊本で起きた。これまで震度７を記録した大地震は３回しか起きていない。阪神淡路大震災、中越地震、東日本大震災に続く大地震が熊本で起きた。

当然マスコミが動いた。ＮＨＫは「ニュースウオッチ９」のなかでいち早く速報。民放も通常番組を切り替えて特別番組を編成し速報した。もっとも早く対応したのはテレビ朝日だった。通常番組を中断して特別番組に切り替えるには「スポンサーの了解」、「切り替えるだけの体制が準備できているか」など番組編成上の大きな決断がいる。当然ながら、地元のコミュニティＦＭの熊本シティエフエムも通常番組を中断して速報した。

県庁所在地の防災ラジオとして、20年前に開局した熊本シティエフエム。防災ラジオの普及活動など、日頃から災害時の有効メディアとして放送を続けている。

全国に３００近く存在するコミュニティＦＭは、「取材力」「情報整理力」「情報発信力」「パーソナリティーの力量」など放送に対する「総合力」に大きな格差がある。いわば幼稚園生程度の局から、大学生を超えて県域のＦＭ局やＡＭ局と競っているコミュニティＦＭもある。

熊本シティエフエムは、地震発生の４日目から13日間に限定して「臨時災害放送局」として生活関連情報だけに特化した放送を続けた。市民から寄せられたメールは期間中４０００通を超えた。市民とラジオ局が震災を通じて大きくつながった。

阪神淡路大震災、中越地震、東日本大震災で多くの「臨時災害放送局」が誕生し、災害の終息とともにその後消えた。災害時の有効メディアとしてコミュニティＦＭが注目されているが、その放送内容の詳細な点検は行われていない。

熊本シティエフエムの震災報道を手掛かりに、災害時の「コミュニティＦＭの在り方」を検証する。

第 1 章

ラジオを聴きながら泣いた

熊本シティエフエム総務部の古庄美奈子は、娘と自宅マンションで寝ていた。夫は2日前に発生した地震（前震）のため、熊本市役所の災害対策本部に泊まり込み、不在だった。4月16日深夜1時25分、震度7の本震が襲ってきた。

大きな揺れに驚くと同時に2つのタンスが倒れてきた。タンスの下敷きになった。家のすべてのタンスや食器棚が倒れ、茶碗がガチャンガチャンと割れた。

「また地震だ」と思ったが、何が起きているのか分からなかった。携帯電話から緊急地震速報を知らせる音が大きく鳴り響いていた。

真っ暗な中、娘に「早く逃げなさい」と叫んだ。娘は「ママを置いてなんか行けない」と泣きながら、母の体の上に倒れている重いタンスを持ち上げ助けた。

携帯電話だけを持ち裸足で近くの公園へ避難した。今までに経験したことのない恐怖で、涙が止まらなかった。

その夜、避難所となった龍田西小学校に移動して一夜を明かした。避難所には約10

００人。物資はなく不安な時間だけが流れた。

空が明るくなり自宅に戻ると、あちこちに地盤沈下、ひび割れ、亀裂が入っていた。ガス、水道は止まり、生活用品や家電製品などの多くが被害を受けた。

ようやく夫と連絡が取れた。

会社の被害を気にかけながら、翌日ジャージ姿で避難所から会社へ行った。スタッフも皆被害に遭っているのに、徹夜で市民へ情報を伝えていた。古庄は散乱した社内の備品を片付け、ＣＤの整理など雑務を手伝ってスタッフを後方から支えた。

総務部の古庄美奈子さん

その後、避難所の龍田西小学校では、ノロウイルスとインフルエンザが発生。満足にできない食事で、抵抗力が弱くなった古庄美奈子はインフルエンザと肺炎にかかってしまった。運ばれた病院も断水し大混雑、２時間待ちでようやく点滴を受けた。

会社の事が気になりながらも、自分の体調が万全でないことが悔しかった。会社に行きたくても行けない。同僚が伝える情報を避難所で聴き、涙があふれて止まらなかった。

ラジオを聴きながら泣いた。

その後、避難所の龍田西小学校では大雨が続き、土砂災害の恐れがあるため避難勧告が出た。別の避難所となっている龍田出張所の武道館に移動した。この日は被災者1000人が恐怖と不安を感じながらの大移動だった。

その日

4月14日午後6時半、前震が発生する約3時間前。

熊本シティエフエムのスタッフは、開局20周年の祝賀会を兼ねた新人歓迎会を近くの飲食店で開いていた。

祝宴は終了し、カラオケ2次会へ出かけるグループ、自宅に帰るグループなどバラバラになった。

突然、地震が襲った。2次会の店ではウイスキーボトルが横へ滑るように直線移動、そして落下。周りから悲鳴があがる。すぐに店から飛び出すと、多くのサラリーマンや酔客が路上に集まっていた。ビルの壁タイルはすでにあちこちで落下していた。「ドーン」という音とともに一瞬で落下したのだろう。

壁の落下は続くことはなかったが、この時の様子について営業部長の長生修《ながおおさむ》は「街中は人で溢れていたけど比較的冷静だった」と振り返っている。

放送部次長で技術担当の松岡洋一は、歓迎会を終えて残務のため会社に帰った直後だった。２次会に参加したメンバーもすぐに会社へ向かった。

会社に到着したのは、地震発生から10分後の午後9時30分頃だったと記憶している。社内は物品収納の棚が倒れ、ＣＤ棚からはすべてのＣＤが落ちていた。事務用品や書類などが吹き飛び散乱していたが、幸いにもこの時は停電していなかった。

この日の夜スタッフが撮影した写真には、ロッカーが倒れたり床に散乱するＣＤで足の踏み場もない社内の様子が生々しく写し出されている。

第1報を伝えたのは地震発生から15分後の午後9時40分。

そして、午後11時までには全員が揃った。

放送にかかわるスタッフ以外は、散乱した社内を片付け始めた。

言葉が出ない。みんな無言だった。

社内の書類棚、ロッカーが倒れ、足の踏み場がない

24時間の地震速報と防災関連情報の番組が本格的に始まった。
震度3、震度4クラスの地震はその後も断続的に続いたが、スタッフは皆4月14日の本震の後の余震と思い、地震の揺れに慣れっこになっていた。
そして、この地震から28時間後の4月16日午前1時25分、再び震度7を記録する地震が発生することを誰も知らなかった。

社内がこんな状態になるとは誰も想像していなかった

社内の半数以上のロッカーや棚が倒れた

ガムテープで壁の落下を防いだ

入口ドアの上部壁が落下

司令塔の役割

「放送体制をすぐに確立せよ！」「我が社はこんな時のためにある！」「金は心配するな！　俺が工面する」

この夜、社長の松本富士男が社員やスタッフらに発した言葉である。

社内に散乱したＣＤ、倒れたロッカーや事務用キャビネットなどを片付ける余裕もなく、緊急出社した社員らは断続的に発生している前震の恐怖の中にいた。

呆然としながらも、「今何をすべきか」「慌ててはいけない！」とそれぞれが自分自身を落ち着かせ、無言で放送体制を構築していった。目に涙を浮かべているスタッフもいた。悲鳴をあげる声も聞こえた。

災害時のコミュニティＦＭの役割は日頃から分かっていた。しかし、まさか自分の会社が被災した中で放送を続けなければならない現実に向き合うことになるとは……。しかも夜だ。

東日本大震災時の石巻コミュニティＦＭと全く同様な現実があったが、熊本地震は発生が暗い夜だ。

東日本大震災が発生したのは午後2時46分。被災地の石巻コミュニティＦＭの社内には放送を準備するスタッフがいた。

しかし、熊本地震は通常勤務終了後の午後9時26分に発生した。社員やスタッフがいち早く駆け付け、第1報を放送したのは午後9時40分。

地元の民放局とほぼ同時であった。

この日の夜、数時間前まで行われていた社員、スタッフらとの懇親会。その余韻は完全に吹き飛んだ。

熊本シティエフエムの第1報は、「防災ラジオ」としての役割を自覚したスタッフらの使命感から放送された。少人数で運営しているコミュニティＦＭで、こんなに早く放送体制を構築できたことは高く評価されると思う。

日頃から、社員の体には「放送の役割、使命、責任」がしみ込んでいる。

だから、このように突然襲う地震にも、それぞれが緊急出社しそれぞれの役割を果たした。

余震が続く中、ヘルメットをかぶりＣＤを片付けるスタッフなど、社内の片付けは深夜遅くまで続いた。
しかし、約28時間後にもう一度震度7の地震が起き、ＣＤや社内の備品を片付けなければならない事態となった。

松本富士男社長

司令塔である松本社長の指示のもと、縦糸と横糸がうまく折り重なって「災害放送という命を守る布」を織りあげる作業がこの時から始まったといえる。そして松本社長は、この時から「臨時災害放送局の立ち上げ」を視野に熊本市との連携を模索していた。

14日の夜、地震関連の特別編成番組を開始した時点で、松本社長は熊本市の関係部局へ「体制が確立し、市民への情報伝達が可能である」と伝えた。

翌15日（金曜日）、九州総合通信局と臨時災害放送局の開設について事前協議した。そして週明けの

18日（月曜日）、熊本市の担当課と開設の期間、開設中の放送体制、経費の問題などの本格協議に入った。

これまで阪神淡路大震災、中越地震、東日本大震災などで臨時災害放送局が数多く開局しているが、開局後に発生する諸問題を事前に協議して開局させた良い例である。

松本社長が熊本シティエフエムに着任したのは、4年前の平成24年6月。歴代4代目の社長で熊本市役所出身である。

熊本シティエフエムはこれまで社長を熊本市役所から迎えている。熊本市は熊本シティエフエムの筆頭株主で、平成8年に誕生し、今年開局20周年を迎えた。県庁所在地にある代表的なコミュニティFMで、売上額も年間1億円を超えている。筆者が所属する鹿児島シティエフエムより1年早く開局。全国でも有数のコミュニティFMだ。

放送現場で中心的な存在になっている放送部長の上村鈴治、技術担当の放送部次長松岡洋一、営業部長の長生修はこれまで20年間に体験した様々なノウハウを蓄積している。これが会社の現場の力となっている。

加えて、熊本シティエフエムは、隣県の鹿児島シティエフエムと10年前から相互の放送体制、財務状態などを点検しあい、相互の経営の指針として活用している。

なぜこのような相互支援関係を10年間も構築しているのか？

それは双方の会社の歴史、資本構成、マーケット事情、営業方針、経営体力が似通っているため、率直な意見交換ができるからである。

放送部長の上村鈴治さん

全国のコミュニティFMを束ねるJCBA（日本コミュニティ放送協会）は設立20年になるが、残念ながら会社の規模別の経営指針などを示していない。

このため、熊本シティエフエムと鹿児島シティエフエムは独自に協力関係を構築し、決算書などの相互交換を行っている。

今回の熊本地震を契機に、JCBAは災害時の応援体制とその具体的な取り組み策を早急に示すことが求められる。

落下したCDを片付ける放送スタッフ・パーソナリティー田崎志穂さん

ダンボール箱にCDを収納する放送スタッフ・パーソナリティー hirokiさん

同時に、経営に苦しむ全国のコミュニティFMに対して、早急に財務指針を示した上で、放送人としての資質を向上させる研修を実施すべきである。

2度目の震度7

4月16日午前1時25分、再び震度7を記録する地震が発生した。

地震関連番組の放送のため、会社にいた松岡洋一と長生修は余りにも大きな揺れに震えあがった。

ドーンという大きな音とともに、再び書類棚やCD棚が倒れた。松岡洋一は、ラジオ局の心臓部であるマスタールームへ走った。機材を収納しているラックは無事だった。しかし、自動運行装置のEDPS（営業放送支援システム）が作動していないことをこの時は分からなかった。

停電になり、真っ暗な中で物が倒れたり、落下する時の、バターンバターンという音だけが鳴り響いた。

揺れがなかなか止まらない中で、二人がお互いに安否を確認した直後だった。

営業部長の長生修さん

「放送が聞こえない。音が出ない。電波が出ていないのでは？」

真っ暗な中で、長生は松岡に必死に叫んだ。

ＵＰＳ（無停電電源装置）は動いているはずなのになぜか音が出ていない。

「音を出そう！」と言いながら、松岡は懐中電灯を使い、長生は携帯電話のライトを使って、災害時の備品収納ケースのところに行こうとするが、ロッカーや書類棚が倒れており、なかなか辿り着けなかった。

「停波している」と思っていたが、実はそうではなかった。スタジオ近くの音声系統が遮断されているだけだった。送信所からは電波が発信されている状況で、いわゆる「無変調」状態だった。

原因はＵＰＳ（無停電電源装置）が機能していなかったのである。

発電機を起こそう、と松岡は思った。

「電源ケーブルと燃料が必要だ」

松岡は長生へ伝え、暗闇の部屋で探し回った。なんとか見つかった。ビル内のトイレに発電機を持ち込んだ。
長生「発電機、回します」
松岡「窓は開くか？　喚起しないと危ない」
長生「トイレの窓は開く。ドアも開けっ放しにしよう！」
長生「発電機の燃料は大丈夫か？」
松岡「満タンだ。予備もある」
真っ暗な部屋で二人の緊迫した会話が続いた。

松岡は、発電機を起こせばミキサーを経由して「コーデックにつなぐとマイク1本でもしゃべれるはずだ」と思っていた。

暗闇の部屋で見つけ出した電源ケーブルを使い、中継用のミキサーに電源を入れた。

そしてマスターへつないだ。うまくいった。

約30分間の無音状態を経て、地震速報番組が再び始まった。

松岡は断続的に発生している余震で、マスタールームのラックが倒れないことを祈っ

当時の様子を再現する松岡洋一さん（撮影４月29日）

ていた。

4月14日の地震発生から1週間、松岡は自宅に帰れなかった。4月21日帰宅した時、初めて自宅の被害の様子を知った。

筆者が熊本シティエフエムを訪問した時、松岡はあの夜の事を振り返り、「恐怖感はなかった。使命感だけで仕事を続けた」と語ってくれた。

松岡と一緒に作業を行った長生は、「何としても放送を出したい！　ただそれだけを考えていた」と静かに語った。二人の話からは放送人としての使命感が伝わる。

スタッフは、明るくなった市内をバイクなどで回り、営業中の「コンビニ、スーパー、コインランドリー、ガソリンスタンドなどの開店情報」を独自取材し、携帯電話で本社へ伝えた。さらに「炊き出し情報」など、被災者に寄り添った生活関連情報に特化した番組作りを本格的に始めた。

本震が発生し停電した時（４月16日）に使った簡易ミキサーとマイク

長生は「僕たちのやったことは完全ではないが、放送を聴いたリスナーから『役に立った。感動した』などの多くのメールをいただいた。地域に寄り添うコミュニティFMとして当たり前の事をやっただけである」と振り返っている。

ところで熊本シティエフエムは、「FM791緊急時配備態勢」というマニュアルを作り、災害時に備えている。「風水害」「地震」「その他」に分けて、それぞれの災害時の対応が書かれている。

防災ラジオとして当然のマニュアルであるが、全国のコミュニティFMでこのようなマニュアルを準備している局は極めて少ないと思われる。

本震で再び被災

２日前に片付けた書類等が再び散乱

ＪＣＢＡ（日本コミュニティ放送協会）は、その点検と作成指導を行うべきであるが、各局の実態はほとんど把握されていない。

伝えた情報

４月14日の地震発生から、熊本シティエフエムは、地震情報、交通情報、断水情報、炊き出しなどの多くの生活関連情報を放送した。

筆者が熊本シティエフエムを訪問した４月29日、「流した情報」そして「これから流す情報」がきちんと整理され、スタジオの一角に置かれていた。これらは気象台が出す地震データのほか、熊本市からの広報資料をはじめ水道局、各交通機関などからの広報資料で、このほかにも独自取材の情報、リスナーからの情報など、日々刻々と変わる情報が整理されテーブルに置かれていた。

そしてこれらの生活関連情報を放送すれば、それに応えるかのようにリスナーからのリクエストや情報提供が日ごとに増えていった。

近くの小学校に避難しているリスナーから、「学校の校歌」を流してほしいというメールが相次いだ。

熊本シティエフエムでは、日頃から「校区のちから」というレギュラー番組を放送しており、熊本市内のすべての小学校の校歌を収録している。校歌を聴いたリスナーからは、「避難している全員で合唱した」「小学校の頃のことを思い出し元気が出た」という声が寄せられた。

リスナーからの「熊本シティエフエムは出力を上げたのですか？」の問い合わせに対して、スタッフは「違います。あなたの心の感度（出力）があがったのではないでしょうか」と答えている。

臨時災害放送局として認可されると、出力を100Wまで増力できるが、熊本シティエフエムは現状の20Wのまま放送を続けた。

このほか、「あなたたちの今やっている事は歴史に残る放送だ。頑張れ！」という激励メールも数多く寄せられた。届いたメールは10日間で4000通を超えた。

毎日開かれた熊本市長の記者会見。熊本シティエフエムは、市長のメッセージをそのままノー編集で放送した。リスナーからの「もう一度聴きたい！」という要望が相次いだ。これに応えて熊本市長の会見の様子を1日3回流した。さらに、熊本市の今後の対

放送済みの生活関連情報

山積みされたリスナーからのメール

応を、「市長インタビューと市長メッセージの全編放送」という形で市民へ伝えた。松本社長を筆頭に、社員、スタッフ全員による被災者に寄り添った放送が続けられた。

松本社長は「社内は今、使命感であふれている。自分たちが出す情報が確実にリスナーに届いており、リスナーもしっかりそれを受け止めている」と語っている。

開局20周年を迎えた熊本シティエフエムの2016年のキャッチコピーは、「心に寄り添うあなたのラジオ。20歳のFM791」である。

全国のコミュニティFMにとって災害時の指針となるべき放送を続けた。日頃からの防災に対するスタッフの意識の共有が、この放送を支えているに違いない。

言及するまでもないが、「伝えるべき情報」を「伝えるべき時に伝える」。

これは報道機関としての鉄則である。

「伝えるべき時」とはまさに「今、その時」である。日頃から、このような「防災報道に関する社内意識」を醸成していない一部のコミュニティFMの経営者や社員は、猛省すべきだと思う。防災報道機関として失格である。音楽を流すだけがコミュニティFMではない。

臨時災害放送局開局へ

松本社長は、被害の大きさ、長引く余震などから臨時災害放送局の開設を視野に入れていた。

臨時災害放送局は、自治体が総務省に免許申請し開局させるもので、東日本大震災でも岩手、宮城、福島などの約30の自治体が開局させた。開局の方法は2種類あり、①地域内にコミュニティFMがあれば、そこに業務委託する方法、②地域内にコミュニティFMがなければ、機材などを総務省が供与し開局させる方法で、熊本地震では益城町や甲佐町は②の手法で開局させた。

①の既存のコミュニティFMに業務委託する場合は、開局の期間や期間中のCMの取り扱いなどを事前協議して開局させる。熊本シティエフエムは4月18日から臨時災害放送局となり、4月30日までの13日間、CMはすべてカットして放送を続けた。

臨時災害放送局は、「放送に対する責任や編集権は自治体にある」という仕組みになっている。

スタジオ壁に貼られた
臨時災害放送局の呼称表示

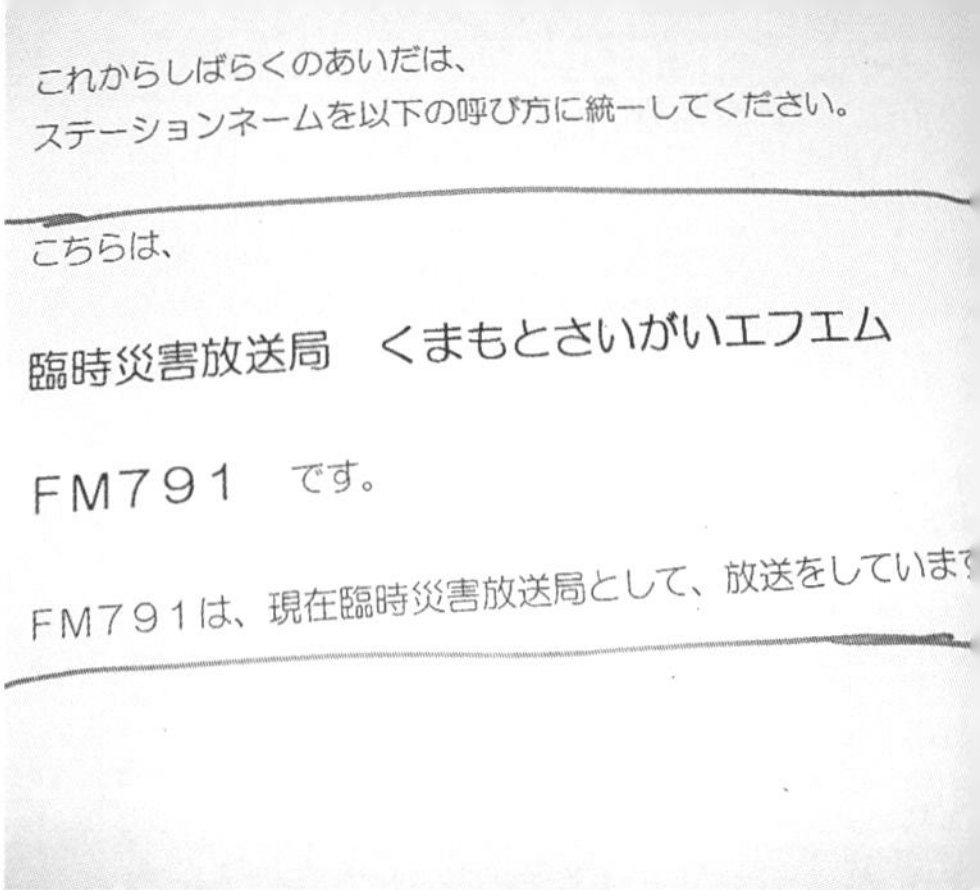
これからしばらくのあいだは、
ステーションネームを以下の呼び方に統一してください。
こちらは、
臨時災害放送局　くまもとさいがいエフエム
FM791　です。
FM791は、現在臨時災害放送局として、放送をしています

倒壊したアーケード

落下したビルの壁

熊本地震では、熊本市と熊本シティエフエムがスムーズに連携作業を進め、臨時災害放送局が開局した。そして熊本市に続いて益城町、甲佐町も臨時災害放送局を相次いで開局させた。

熊本市と熊本シティエフエムは、5年前から防災ラジオ（緊急告知ラジオ）を各世帯へ配布する事業を展開しており、これまでに7000台の設置を終えている。このラジオは電源が切れた状態でも信号を受信し、自動的にラジオを起動させる。

熊本シティエフエムの臨時災害放送局としての放送は、一般のラジオとは別に、この「防災ラジオ」からも聴くことができた。日頃から熊本市と協同で防災に対する備えを進めていた効果が発揮された。災害時の情報は、「防災無線」「防災ラジオ」「SNS」など重層的に対応することで市民の命が守られる。

臨時災害放送局として熊本シティエフエムは24時間の災害関連番組を編成した。

熊本日日新聞のラジオ欄（41頁参照）に示すように、24時間防災情報を放送できる体制をとれるコミュニティFMが全国にどれくらいあるだろうか？

「災害時のメディア」として「コミュニティFM」をアピールするのであれば、放送体制の構築や再点検も必要である。災害時のコミュニティFMの放送体制を全国的に点検した資料はないが、多くのコミュニティFMは体制が不備であると思われる。

なぜ体制の整備が出来ていないのか？　理由は経費がかかるからである。

経営が苦しいコミュニティFMが全国的に存在する中で、いつ発生するか分からない防災の経費として、「多額の人件費等の支出が出来ない」というお家の事情がある。

これが現実だとすれば、「コミュニティFMは、本当に災害時のメディアなのか？」という疑問が大きく残る。

誰が放送内容の点検を？

益城町に開局した臨時災害放送局のスタジオは、益城町保健福祉センターの2階に設けられた。

周波数は89・0MHz、免許人は西村博則町長、出力は100W、送信所は益城町保健福祉センターで、総務省は4月27日に免許を与えた。

毎日午前9時、正午、午後3時、午後6時の4回放送していたが、被災者の何人がこの周波数（89・0MHz）を知り、ラジオを持ち、そしてこの放送を聴いていたのだろ

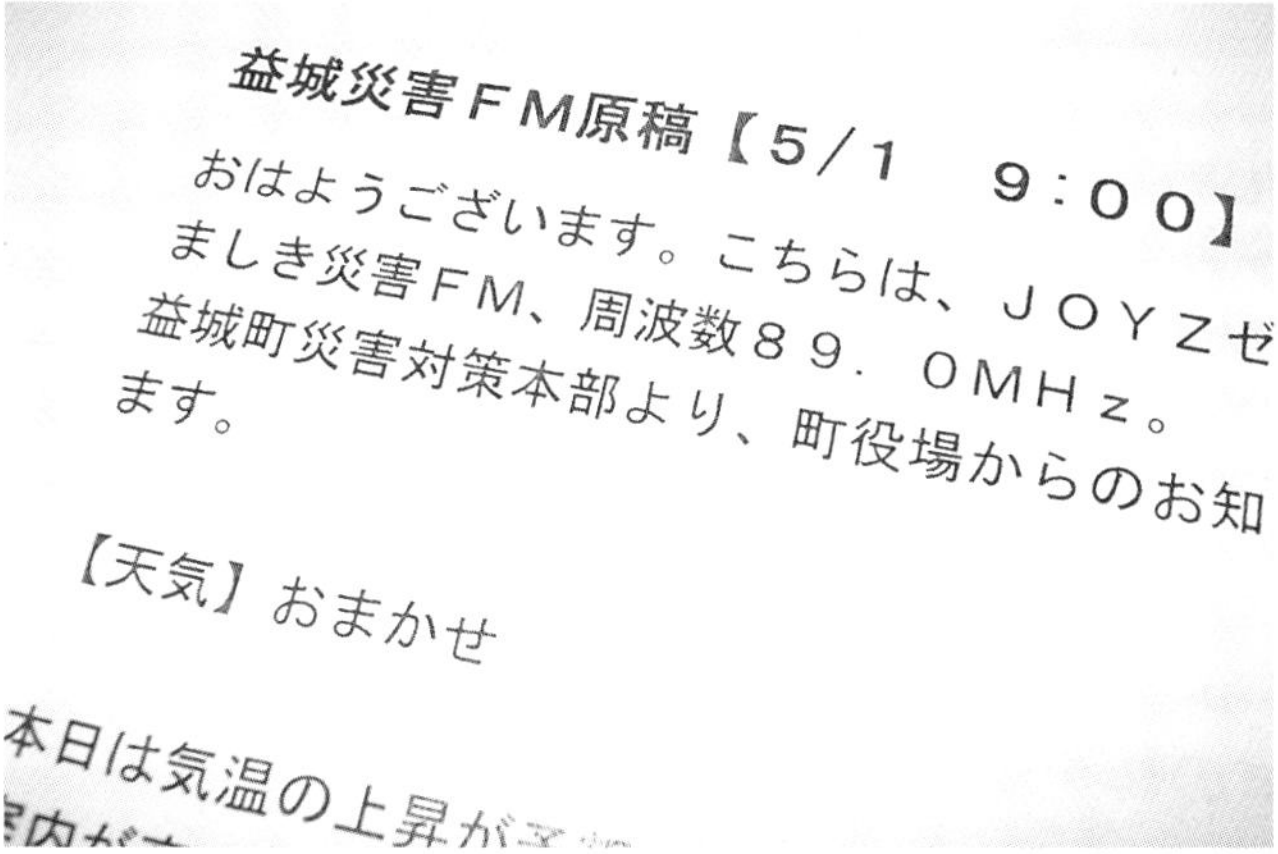
益城災害ＦＭ原稿【５/１　９:００】
おはようございます。こちらは、ＪＯＹＺゼ
ましき災害ＦＭ、周波数８９．０ＭＨｚ。
益城町災害対策本部より、町役場からのお知
ます。
【天気】おまかせ
本日は気温の上昇が
「天気」おまかせと書かれている放送原稿（㊟気象庁情報が欲しい）。放送では「本日は……」という表現は使わない。「今日は……」が正しい表現

うか。

被災者が放送を聴けない理由は、「①周波数の89・0MHzを知らない。被災者らに周波数を告知した形跡が十分に見られない②放送時間がすべてNHKの定時ニュース時間帯と重なっている」からである。

まさかNHKの定時ニュースと対抗するはずはないのだが、これは臨時災害放送局の開局を指導した外部スタッフ（誰が現場指導したか不明）の番組編成に関する知識がとぼしいのが原因である。ちなみにNHK熊本放送局は、ラジオ第1放送で熊本地震に関する生活関連情報を毎日放送していたが、放送時刻は午前が6時40分、7時30分、8時30分、9時55分で、午後は1時30

分、7時30分である（100頁の写真参照・6月13日の放送分）。

つまりNHKの定時ニュースの時間帯を避けて、被災者が少しでも聴きやすい時間帯に編成している。また、放送原稿の事前点検が欲しい。例えば天気予報は「気象庁が発表した午前9時の情報」と表示があれば、正確な気象情報を伝達することができる（39頁の写真参照）。さらに、これらの情報を聴くためのラジオが配られた形跡がみられない（4月30日現在）。

NHKは8カ所の避難所にラジオ408台を提供した。もちろんNHKの放送を聴いてもらうためである。東日本大震災では、民間団体などの呼びかけで市民からラジオが集められ、被災地の住民へ無料配布した。

臨時災害放送局は、住民が聴くことが可能な時間帯に、「被災者や救援者が必要とするすべての正確な情報、根拠のある情報」を繰り返し放送してもらいたい。

放送実務の知識に希薄な人がただハード面だけ（放送機材）を準備しても、災害時の有益な放送として機能しない。免許を交付する総務省は、放送を運営するスタッフに対して「番組の編成指針」や「放送の質の管理」を求めることはできないのだろうか？

もしこれらが不可能であれば、臨時災害放送局の開局に当たっては、NHKや地上波

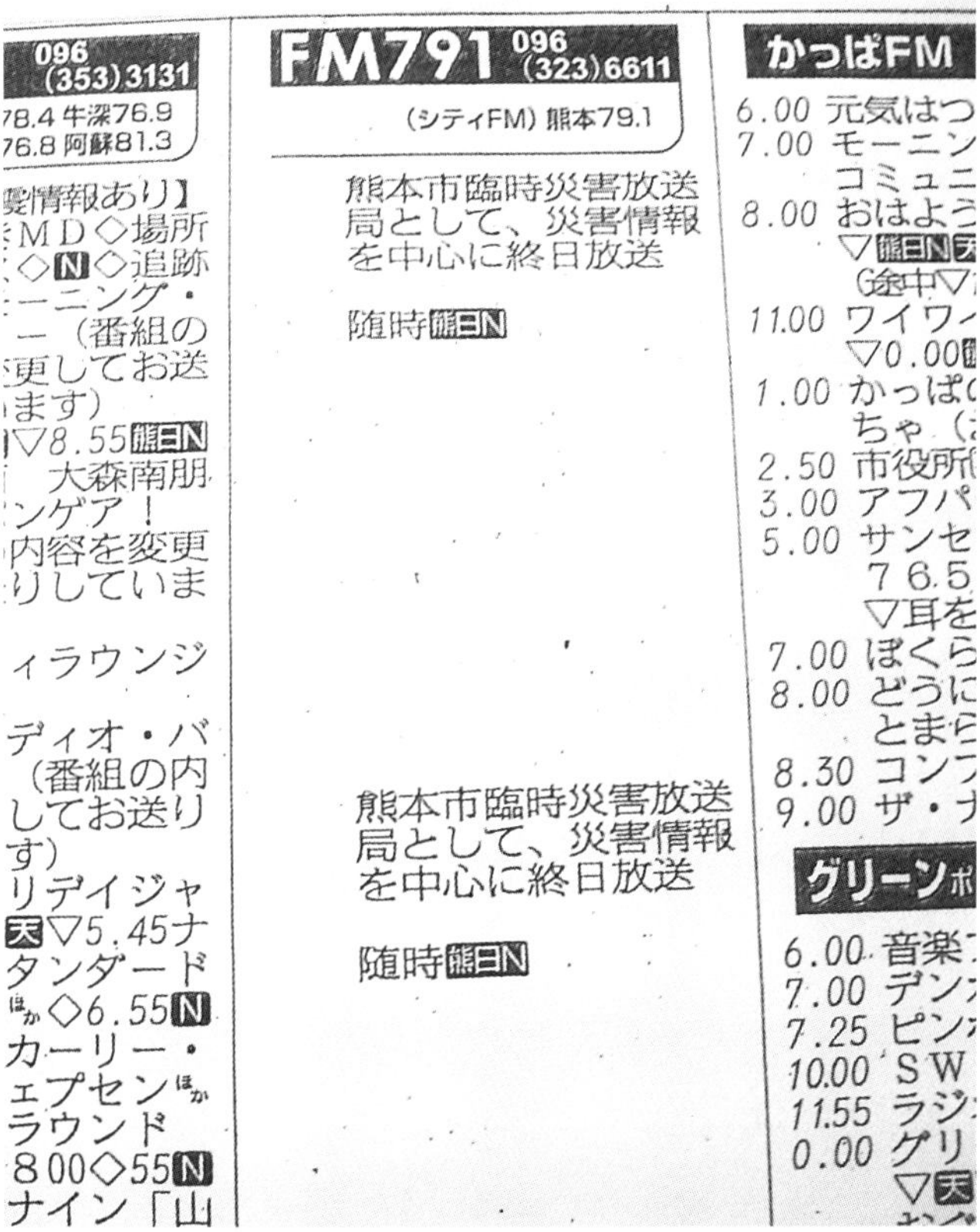

096 (353) 3131
78.4 牛深76.9
76.8 阿蘇81.3
報あり】
ＭＤ◇場所
◇N◇追跡
ーニング・
ー（番組の
更してお送
ます）
▽8.55熊日N
大森南朋
ンゲア！
内容を変更
りしていま
ィラウンジ
ディオ・バ
（番組の内
してお送り
す）
リデイジャ
天▽5.45ナ
タンダード
ほか◇6.55N
カーリー・
ェプセンほか
ラウンド
8.00◇55N
ナイン「山

FM791 096 (323) 6611
（シティFM）熊本79.1

熊本市臨時災害放送局として、災害情報を中心に終日放送

随時熊日N

熊本市臨時災害放送局として、災害情報を中心に終日放送

随時熊日N

かっぱFM
6.00 元気はつ
7.00 モーニン
コミュニ
8.00 おはよう
▽熊日N天
G金中▽
11.00 ワイワ
▽0.00
1.00 かっぱの
ちゃ（
2.50 市役所
3.00 アフパ
5.00 サンセ
76.5
▽耳を
7.00 ぼくら
8.00 どうに
とまら
8.30 コンフ
9.00 ザ・ナ

グリーン
6.00 音楽
7.00 デン
7.25 ピン
10.00 ＳＷ
11.55 ラジ
0.00 グリ
▽天

番組は全て災害関連情報。熊本シティエフエム（FM791)の番組（熊本日日新聞から）

24時間放送を行った熊本シティエフエム

の民放ＯＢを含めた放送実務経験者の指導を求めるような「仕組み」が作れないだろうか？

被災地域以外のＮＨＫや地上波の民放からスタッフ派遣の協力を求めることで、番組編成や放送内容の精査など、被災者に寄り添った「放送の仕組み」が構築されると思う。とにかく総務省は、免許交付時に臨時災害放送局の運営指針を示すことが必要である。

被災者の救援や復旧作業に全力を注いでいる益城町役場の職員に、その任務を求めるのはあまりにも酷であり、免許を交付したのは総務省であることを忘れてはならない。

地震発生から16日経過した４月30日、熊本シティエフエムは臨時災害放送局の放送を終了して、翌５月１日から通常の放送形態に戻った。

しかし、リスナーの災害放送に対する激励は続き、メールで寄せられるリクエスト曲は５時間待ちの状況になった。

放送内容の信頼とリスナーに寄り添った情報発信が、多くのリスナーを獲得した結果

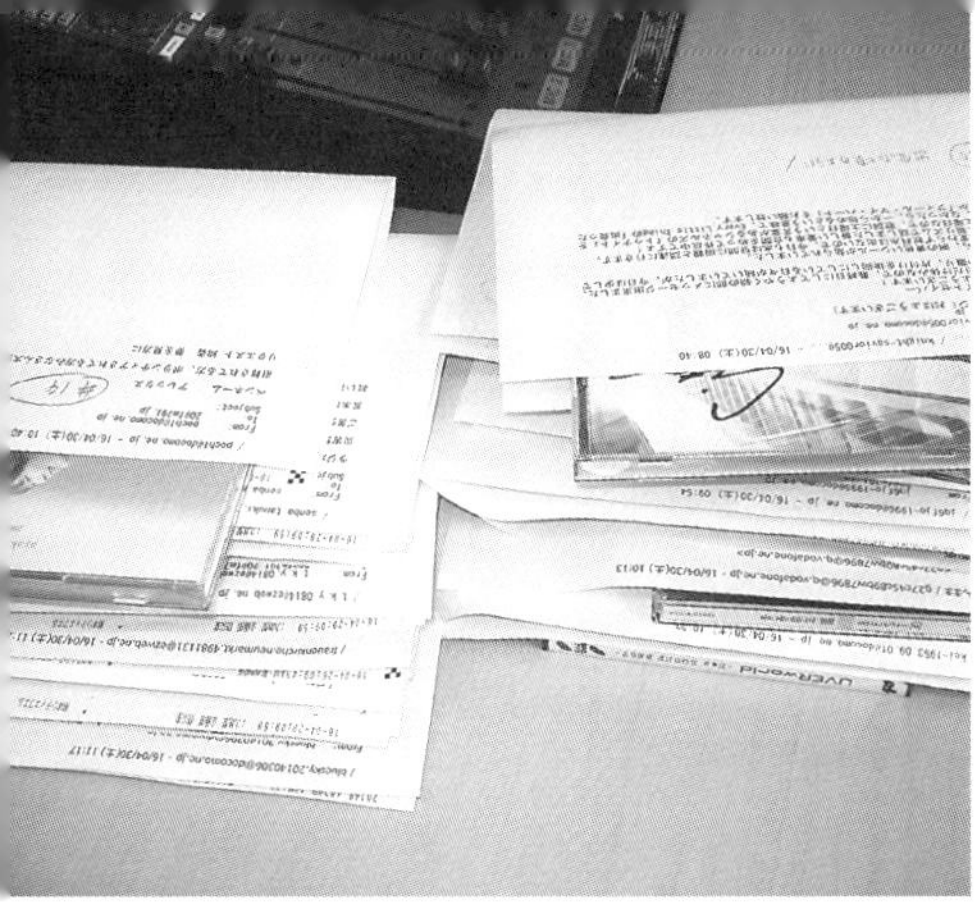

５時間待ちのリクエスト曲のＣＤ

リスナーから届いた差し入れ

福島県相馬市からも差し入れが届く

である。会社の入り口ロビーには、リスナーから激励の食料や大量の物品などが次々に届けられた（43頁の写真参照）。福島県相馬市からも差し入れが届けられたが、相馬市は東日本大震災の時、熊本シティエフエムのパーソナリティーの高智穂さくらが取材した被災地でもあった。この時の模様は拙書『ラジオは君を救ったか？』（２０１２年6月　ラグーナ出版）に紹介されている。

司令塔・松本富士男社長に聞く

災害時の報道では、司令塔が的確な指示を与えることで組織が機能する。

2度にわたって震度7が襲った熊本地震では、社長の松本富士男に対して「組織をどのように動かすか？　社員、スタッフだけで対応できるか？　経費は大丈夫か？　行政との連携は？」など司令塔としての課題が突き付けられた。

この課題を解決するには、日頃から会社の実態を細かく把握していないとできない。コミュニティFMの社長（司令塔）は非常勤社長が多く、仮に常勤であっても1週間に1回、しかも数時間しか出社しない社長もいる。免許だけを取得して、後は「誰かにおまかせ」である。

これでは組織を把握することはできない。同時に免許事業であるのに、「放送に対する責任を放棄している」と指摘されかねないし、災害時の司令塔になり得ない。

熊本地震を指揮した松本富士男社長に、地震発生時の状況や今後の課題などについて聞いた。

米村　まさか熊本で大きな地震が発生するとは思っていませんでした。震災から3週間たちますが、率直に今の感想は？

松本　1000回を超える余震が今も続いています。震度7規模の大きな余震の恐れがあり気を抜けません。役割を果たすべく、全力で対応をしてきたつもりですが、反省点も多いです。現在、臨時災害放送局を終了して平常の番組に戻り放送していますが、これまでに寄せられたリスナーの心情を考えると、できる限り要望に応えていきたいと思います。

米村　地震発生時は開局20周年の懇親会が開かれていたと聞きましたが。

松本　平成28年度のキックオフを兼ねて、社員だけによるささやかな20周年のお祝いが終わった後の震災でした。会場が本社近くの中心市街地だったので、早目に集合、対応できました。

米村　開局20周年の祝賀も吹っ飛び、災害報道に入ったわけですが、当時のスタッフの様子は？

松本　社員のほとんどが防災士の資格を持っており、日頃から自覚しているせいか、本社に素早く駆け付け、冷静に自分の役割を判断し、災害報道に切り替えることができたと思っています。

米村　震度7の地震が2回襲い、倒れたロッカーなどで社内は混乱していたのでは。

松本　キャビネットやラックの倒壊、CD散乱、ひどい状況だったのでびっくりしましたが、社内にいたスタッフに被害がなく、ひとまずほっとしました。激しい揺れが続く中、恐怖を感じながら放送しました。それぞれが片付けなど自分の役割を自覚し作業をしていた姿を思い出します。「本当によくやった」と思っています。

米村　社員やパーソナリティーがうまく連携して放送を続けたようですね。

松本　前震が発生した時（最初の震度7）、社員と同時に契約のパーソナリティーも駆け付けてくれて、素早く放送を開始できました。その後、パーソナリティーを含めた24時間放送の体制を確立しました。当然、熊本市との連携も確立しました。地震発生後、非常勤の取締役、相談役も放送支援メンバーとして加わり、炊き出し、飲料水・生活必需品確保などの後方支援のほか、リスナーの要望、楽曲リクエストなどの電話も受けました。この体制は連休明けまで続けました。

米村　地震発生後しばらくして、臨時災害放送局に移行しましたが、リスナーの反応は？

松本　臨時災害放送局としてスタートした時点で放送内容も変えていき、リスナーに対して情報提供の呼びかけなど、被災者に寄り添う放送へ移行しました。リスナーの反応も変化しましたが、パーソナリティー、社員も次第に成長したように思います。「ラジオがあって良かった、情報をもらった、癒された、元気が出た」など、「臨時災害放送後もFM791を聴くので頑張れ」との激励もあり嬉しかったです。

米村　この数年、熊本は集中豪雨など災害が続いていますが、日頃からどんな防災研修をしているのですか？

松本　平成27年夏、台風による被害で送信所が5時間停波した事故は、我が社にとって大きな反省点となりました。設備の強靭化策、組織体制の確立、防災グッズの取り揃えなどあらゆる面で準備しました。また、熊本市の防災訓練の進行役、防災イベントの企画や啓発事業にも参画しています。加えて通常時には、防災ラジオの試験電波発射訓練や防災啓発の番組なども放送しています。

米村　一部のコミュニティＦＭでは、「防災放送の訓練」「放送倫理の学習」「放送の責任」などについて指導研修を全く行っていない局もあるようです。災害報道をする際に最も気をつかった（注意した）ことは？

松本　情報の出所の確認などについては慎重に対応しました。放送した内容には責任が伴うからです。

米村　御社の社員やスタッフの意識の高さを感じます。このような意識の高さが、災害報道の原点にあるように思います。全国のコミュニティＦＭの経営者やそこで働くスタッフが、このような意識を持つことが大事ですね。まだ余震が続いています。これからも頑張ってください。

エスカレーターは使用停止に（熊本駅）

倒壊した熊本市内の民家

そのとき私は

熊本シティエフエムの放送部次長の松岡洋一は、熊本地震を総括し、以下の記録をまとめている。松岡の記録を紹介する。

こうして放送を守った！　熊本シティエフエム　松岡洋一

今回の熊本地震では、前震（4月14日）、本震（4月16日）の両方とも社内で経験した。その時は、ただ大きく揺れたなぁと思った程度。揺れ自体は怖くなかった。ただマスタールームの機器ラックが倒れないか心配だった。横に揺れる分にはアンカーを打っているし、4本あるラックは連結しているので問題ないと思ったが、前後に揺れるとどうにもならないだろうと心配していた。運よく、二回とも前後に揺れることはなかったので良かった。本震の時は停電した。UPS（無停電電源装置）も動作しなかったため、放送システムがダウンしてしまった。

アラームの警告はなかったので電波だけは出ている（無音）ことは分かった。

何とかマイク一本でも生かし放送できる状態に戻すことを考えた。ポータブル発電機、中継用のミキサーとマイク、ケーブルを用意すれば何とかなるだろうと思った。ポータブル発電機は、定位置に置いているのですぐ準備できた。他の機材やケーブルは2回の地震で探すのに時間がかかってしまった。発電機は男子トイレに置き、排気のことを考え窓を開け、「ミキサーのＯＵＴ」を送信所向けの「コーデックのＩＮ」につなぎ、放送を再開させた。

その後、停電の回復を待ち通常のシステムに戻した。

そして、古いＥＤＰＳ（営業放送支援システム）のサーバーが故障し立ち上がらなくなったので、新ＥＤＰＳの導入を急遽決めた。マスターシステムの放送機材業者ＳＣＡ、ＥＤＰＳのモアソンジャパンに依頼した。

モアソンのシステムで作成した放送進行表を、ＳＣＡのシステムへ送るため、東京と静岡からインターネット回線を使ってシステムの移植、データ移行を行った。ゴールデンウイーク前にもかかわらず、2社のスタッフの方には大変お世話になった。

この新ＥＤＰＳは、臨時災害放送局を終了する4月30日までに立ち上げ、5月1日から正式に運用できるようリミットが設定されてしまった。本来、このＥＤＰＳの導入時期は、まだ先の予定だった。幸いにもこの臨時災害放送局として運用期間中は、ＣＭを流すことがなかったので助かった。これがＣＭも流すことになったらと思うとゾッとする。

実質約１週間で、放送枠やＣＭ設定等のシステムを立ち上げ、何とか5月１日からの本格運用までたどり着き、新ＥＤＰＳが運用開始した時は、「あぁ、間に合った」とホッとした瞬間だった。この感覚は、技術担当者にしか分からない感覚だと思う。

第2章

臨時災害放送局の仕組み

臨時災害放送局の制度は、1995年1月の阪神淡路大震災を契機に創設された。被災自治体が免許申請人となり災害時の放送を行うもので、被災地域内にコミュニティFMがあればそこに業務委託される。従って、コミュニティFMは民間放送事業者としての免許をいったん休止し、自治体が総務省から臨時災害放送局の免許を受けるのである。放送の周波数は、コミュニティFMと同じ周波数が自治体に交付される。

今回の地震による熊本シティエフエムの対応はこの形で、4月18日から30日までの12日間、臨時災害放送局へ移行した。免許人は、熊本市長大西一史《おおにしかずふみ》となっている。

一方、地域内にコミュニティFMがない場合は、自治体が独自に機材や人材を確保しなければならず放送局の運営が厳しくなる。

熊本県益城町の臨時災害放送局は自治体が独自開局した例であるが、機材などハード面の調達は何とか対応できても、「放送の質の管理」ができる人材が必要となる。

「いかにして被災住民へ放送を聴いてもらうか」「いかにして分かりやすく伝えるか」

報道資料

総務省

MIC

平成２８年４月１８日
九州総合通信局

臨時災害放送局の開設について

～平成２８年熊本地震にかかる災害情報提供を目的に熊本市が開設～

九州総合通信局〔局長：丹代　武（たんだい　たけし）〕は、本日、熊本市〔市長：大西　一史（おおにし　かずふみ）〕に対して、超短波放送局（臨時目的放送局）の免許を付与しました。

この放送局は、既存のコミュニティ放送局である株式会社熊本シティエフエムから機材及び人的支援を受けて、熊本地震による災害に関し、迅速かつきめ細かい情報の提供を行い、被害の軽減に資することを目的とするものです。

免許の概要は以下のとおりです。

免許人	熊本市 市長：大西　一史（おおにし　かずふみ）
呼出符号及び呼出名称	ＪＯＹＺ０《ゼロ》Ｏ－ＦＭ くまもとさいがいエフエム
周波数及び空中線電力	７９．１ＭＨｚ ２０Ｗ
無線設備の設置場所	送信所：熊本市西区（金峰山） 演奏所：熊本市中央区
放送区域	熊本市の一部

参考　臨時災害放送局は、暴風、豪雨、洪水、地震、大規模な火事その他による災害が発生した場合に、その被害を軽減するために役立つことを目的とし、臨時かつ一時的に開設される超短波（ＦＭ）放送局です。

連絡先：放送部放送課（菅林）　０９６－３２６－７８７１
総務部企画広報室（境）　０９６－３２６－７８１０

総務省が発表した報道資料

「いかにして放送の信頼性を確保するか」「放送上の適切な表現と不適切な表現の選別能力がスタッフにあるかどうか」など、「放送の質の管理」を行うことが重要である。

さらに、「運営スタッフの確保と運営にかかる経費の工面をどのようにするか」を検討することが求められる。

法律上、臨時災害放送は、放送法第3条に「臨時かつ一時の目的のための放送」と規定されている。また放送法施行規則第1条の五、第2項の二に「暴風、豪雨、洪水、地震、大規模な火事その他による災害が発生したときに、その被害を軽減するために役立つ放送」と定められている。

通常のコミュニティ放送とは異なり、免許主体は「自治体」で、免許の期間は「被災地における災害対策が進展し、被災者の日常生活が安定するまでの間」とされており、特定の期間は定められていない。また、出力はコミュニティ放送が20Wまでであるが、臨時災害放送局では「他の超短波放送局の運用に支障を及ぼさない範囲」とされ、その範囲であれば制限はない。

東日本大震災以降、総務省は災害時に臨時災害放送局を開局させることに積極的である。しかし、CMの取り扱いについては明文化された規定がない。

「自治体が免許人であるため、一企業のCMは出せない」という考え方がある一方で、「CM収入がなければ運営経費を賄うことができない」のも事実である。

総務省のホームページでは、CMの取り扱いについては次のように表示されている（2016年5月6日現在）。

免許人は自治体等であるため、コミュニティFM局が契約したCM等を放送することはできません。（制度上、臨時災害放送局がCMを放送できないわけではありませんが、免許人（運営主体）が違うということを十分認識して下さい。放送内容に係る責任は免許人が負うこととなります）（傍線は筆者）

つまりＣＭ放送は「基本的にはＮＯ！であるが、制度上はＣＭ放送をできないわけではない」と表記してあり、極めてあいまいな形となっている。

中越地震　「ＦＭゆきぐに」の取り組み

平成16年10月23日午後５時56分、新潟県中越地方を襲う震度６強の地震が発生した。「ＦＭゆきぐに」取締役放送局長の山本安幸さんは、かつて新潟総合テレビでアナウンサーとして活躍。報道ジャーナリズムの世界で長年活動してきた。「今伝えるべき情報は何か？」「今リスナーが求めている情報は何か？」を常に意識してマイクの前に座ることで、パーソナリティーとしての資質が向上することを熟知している。

このため、山本さんは日頃から「ＦＭゆきぐに」のパーソナリティーに対して「常にジャーナルな意識」を持つように指導している。

中越地震は、会社で行っていた会議が終了した直後に発生した。

直下型の地震でいきなり強い揺れが襲った。椅子から立ち上がることはできず、床を

「FMゆきぐに」の山本安幸さん

這いつくばるような姿勢でスタジオに向かった。ロッカーなどが倒れ、周りから女性スタッフの悲鳴が聞こえてきた。社内は大混乱。そして突然停電になった。

なんとかスタジオに辿り着いた山本さんは、第1報を伝えた。

「甲信越地方で地震が発生しました。落ち着いて行動してください。夕食時で火を使っているご家庭は、すぐに火やガスを止めてください。落ち着いて行動してください。外に出るときは落下物に注意してください」

「FMゆきぐに」のスタジオからは、壁面のガラス越しに外の様子が見える。停電のため、当然信号が消えていた。

山本さんは車を運転している人に呼び掛けた。

「停電のため信号が機能していません。徐行運転してください。歩行者に十分気を付けて運転してください」

山本さんは必死に、何回も何回も呼び掛けた。

地震発生時、このようなコメントをアナウンスするには、日頃からジャーナルな意識がないとできない。

その後、山本さんに困った事態がおきた。

伝えるべき情報が入ってこない。停電で固定電話が不通。携帯電話はつながらない。もちろんテレビも映らない。だから、震源はどこで、どんな地震だったのか？　今どこで何が起こっているのか分からない。この状態が約2〜3時間続いた。

山本さんは、この時間帯を「情報の空白域」と語るが、このような事態は「FMゆきぐに」に限らず他のメディアでも起こり得る。筆者もかつて地元テレビ局の報道部に在籍していたとき、集中豪雨災害で経験したことがある。

特に、「取材スタッフがいない時間帯」や「取材スタッフを持たない会社」「社内にスタッフはいても取材経験のある人がいない会社」は、「どこに電話取材し、どんな情報を入手すべきか」即座に対応できない。

コミュニティFMのほとんどの局が、このような体制にあると思われる。

だから、日頃から訓練をすべきであるが、災害時の緊急放送訓練を実施している局を筆者は聞いたことがない。

コミュニティFMは、「防災メディア」と称しながら、実態は災害時に初動で伝えるべき情報の収集能力がない局が多いのも事実である。

実態を調査したことはないが、これは県域FM局についても同様であると思われる。

地震が発生した後、初動時に「伝えるべき情報」をいかに多く入手し放送につなげるかが重要だが、「伝えるべき情報が入手できない事態」が起こることも想定しなければならない。

「情報の空白域で何を伝えるか？」はメディアにとって課題であるが、同じ情報を繰り返し伝えるしかない。

「FMゆきぐに」の初動時の放送は高く評価された。

「FMゆきぐに」の災害放送はこの後も続く。

停電のため社内にローソクを置き、灯りを確保し情報収集を行った。「停電」「電話がつながらない」なかで、リスナーからは「今何時ですか？」という問い合わせが相次いだ。山本さんはこれに答えるため、リクエスト曲などの合間に必ず「今の時刻」を伝え

全国55局ネットで特別番組（生放送）を放送したFMゆきぐに

震災の教訓などを語る番組出演者

るようにした。

地震発生から7日目に、隣接の十日町に臨時災害放送局が開局した。「FMゆきぐに」では、この局の運営にスタッフ3人を派遣し、住民へ生活関連の情報を放送した。筆者はその放送内容の一部を録音で聴いたが、内容が濃い。単なる役場からの「お知らせ情報」だけではなく、被災者の健康状態をチェックするための情報提供など、きめ細かい内容となっていた。

「FMゆきぐに」は中越地震を経験して、パーソナリティーやスタッフの力量が大きく飛躍した。

取締役放送局長の山本安幸さんは、当時の様子を後世の人に知ってもらうため、インターネットの動画サイトに記録を残している。

中越地震の報告書

JCBA（日本コミュニティ放送協会）は「FMゆきぐに」と「FMながおか」が中越地震をどのように伝えたかを検証し、報告書にまとめている。

これは「FMゆきぐに」の山本安幸局長が中心となって編集したもので、地震発生時やその後の災害放送の在り方など、実体験を踏まえてそれぞれの局のスタッフが報告しており、赤裸々な体験談となっている。

地震発生から1カ月後の11月23日、「被災地からの伝言」と題したタイトルで番組を制作した。この番組は北海道から沖縄まで全国のコミュニティFM、55局を結んで生放送されたほか、録音番組として北海道から熊本までの26局で放送された。被災地の局から全国へ情報発信した画期的な取り組みであった。

この番組は「被災地からの伝言パート2」「被災地からの伝言パート3」と3回にわたって放送された。

そして平成17年3月5日には「災害とコミュニティ放送局（JCBA主催）」というテーマで、長岡市でシンポジウムが開かれた。

シンポジウムは、放送作家の石井彰氏、「FMゆきぐに」の山本安幸氏、「FMながおか」の脇屋雄介氏がパネラーとなり、上智大学の音好宏《おとよしひろ》氏がコーディネーターをつとめた。

「放送レポート194号」（平成17年5月号）はこのシンポジウムの抄録を掲載してい

る。この中で山本安幸氏は次のように述べている。

「文化放送、ミュージックバードなど外に向けての発信と、ＴＢＳ系列の新潟放送ラジオと、相互生放送による情報発信となりました。新潟放送は高速道路がダメになっていてスタッフを送り込めない。一般道も寸断されている。そこで当社が取材したものを新潟放送の電波に乗せて発信してもらった。これは日頃から事件、事故などを新潟放送に送り、県内ニュースとして全県に発信するという相互生放送のラジオ番組を放送しており、これが生かされました。

～中略～

災害時に、被災地の局が一定の時間帯に番組を作って、それを衛星経由で各局が自由に放送できれば、災害体験の共有化につながります。そのために現在、一生懸命頑張っています。日本テレビの『ズームイン！　朝』に負けないような番組、ネットワークが作れないものかと考えています」

ちなみに、日本テレビの『ズームイン！　朝』は、当時視聴率20％を超える怪物番組で、各ローカル局が3分30秒の時間枠を持ち、リレー方式で地域の話題を全国へ紹介していた。筆者も地元のテレビ局（鹿児島テレビ放送）に在籍していたとき、この番組を7年間担当したが地域情報満載の朝の情報番組だった。

特別番組
「被災地からの伝言」　ネット局一覧
生放送

	所在地	局　名
1	北海道	エフエムわっかない
2	青森県	エフエムむつ
3	秋田県	秋田コミュニティー放送
4	宮城県	せんだい泉エフエム放送
5	福島県	喜多方シティエフエム
6	山形県	酒田エフエム放送
7	群馬県	おおたコミュニティ放送
8	群馬県	沼田エフエム放送
9	埼玉県	フラワーコミュニティ放送
10	千葉県	木更津コミュニティ放送
11	東京都	中央エフエム
12	神奈川県	鎌倉エフエム放送
13	神奈川県	藤沢エフエム放送
14	神奈川県	イセハラエフエム放送
15	山梨県	エフエム甲府
16	新潟県	エフエムしばた
17	新潟県	エフエム新津
18	新潟県	エフエムながおか
19	新潟県	柏崎コミュニティ放送
20	新潟県	エフエム雪国
21	新潟県	エフエム上越
22	長野県	ながのコミュニティ放送
23	長野県	エフエム佐久平
24	長野県	軽井沢エフエム放送
25	富山県	富山シティエフエム
26	富山県	新川コミュニティ放送
27	富山県	エフエムとなみ
28	静岡県	エフエムしみず
29	静岡県	エフエムみしま・かんなみ
30	愛知県	エフエム岡崎
31	愛知県	名古屋シティエフエム
32	愛知県	エフエムとよた
33	愛知県	エフエムキャッチ
34	岐阜県	エフエムたじみ
35	京都府	エフエム宇治放送

特別番組
「被災地からの伝言」　ネット局一覧

生放送

36	京都府	エフエムあやべ
37	和歌山県	エフエムマザーシップ
38	兵庫県	エフエム三木
39	兵庫県	西宮コミュニティ放送
40	兵庫県	エフエムたじま
41	広島県	エフエムふくやま
42	広島県	尾道エフエム放送
43	広島県	五日市コミュニティ放送
44	山口県	コミュニティエフエム放送
45	島根県	エフエムいずも
46	香川県	エフエム・サン
47	香川県	エフエム高松コミュニティ放送
48	香川県	エフエム・サンセト
49	徳島県	エフエムびざん
50	愛媛県	今治コミュニティ放送
51	長崎県	エフエム諫早
52	福岡県	東九州コミュニティー放送
53	宮崎県	宮崎サンシャインエフエム
54	沖縄県	エフエムみやこ
55	沖縄県	テレプロ

特別番組
「被災地からの伝言」　ネット局一覧

録音放送

	所在地	局　名	放送日時
1	北海道	旭川シティネットワーク	12月1日（水）19：00～21：00
2	北海道	札幌コミュニティ放送局	11月24日（水）17：00～19：00
3	北海道	エフエム小樽放送局	11月24日（水）0：00～2：00
4	北海道	ねむろ市民ラジオ	11月27日（土）
			再12月4日（土）
5	青森県	エフエムジャイゴ ウェーブ	11月27日（土）9：00～11：00
6	福島県	福島コミュニティ放送	11月27日（土）
7	福島県	いわき市民 コミュニティ放送	未定
8	茨城県	水戸コミュニティ放送	11月24日（水）14：00～16：00
9	茨城県	エフエムかしま市民放送	未定
10	埼玉県	エフエム茶笛	未定
11	東京都	エフエム多摩放送	11月28日（日）15：00～17：00
12	東京都	エフエム西東京	11月28日（日）
13	新潟県	燕三条エフエム放送	12月5日（日）8：00～10：00
14	石川県	えふえむ・エヌ・ワン	未定
15	愛知県	エフエム豊橋	11月28日（日）
16	静岡県	シティエフエム静岡	未定
17	三重県	エフエムよっかいち	12月7日（火）
18	岐阜県	シティエフエムぎふ	未定
19	京都府	京都シティエフエム	未定
20	兵庫県	エフエムわぃわぃ	11月29日（月）
21	奈良県	奈良シティエフエム コミュニケーションズ	11月23日（祝）19：00～21：00
22	滋賀県	エフエムひこね コミュニティ放送	11月24日（水）10：00～12：00
23	岡山県	エフエムくらしき	11月23日（祝）20：00～22：00
24	山口県	エフエム周南	11月28日（日）12：00～14：00
25	高知県	高知シティエフエム ラジオ放送	11月23日（祝）18：00～20：00

中越地震では全国からラジオを集め、被災者へ配る取り組みが展開された。図表1に示すように、地震発生から1カ月半で、全国のＪＣＢＡ会員社から2694台のラジオが集まった。

災害発生時には、ＪＣＢＡの東京本部が先頭に立ち、このような取り組みを行っていく必要がある。熊本地震では、なぜかこの取り組みが見られなかったのが残念である。

一方、ＮＨＫは今回の熊本地震でテレビを66カ所に66台、ラジオを8カ所に408台を設置し、被災者へ情報が届くように努めた（5月11日現在）。

ＮＨＫの籾井勝人会長は、5月12日に行われた定例会見で「今後も被災者の視点に立ち、正確で適切な放送を行い公共放送の使命を果たしたい」と述べたが、「放送の使命」をコミュニティＦＭの経営者や現場スタッフは重く受け止める必要がある。

図表１　中越地震時の配布ラジオ寄付一覧

ＪＣＢＡ着日		社　名	着数	発日	発送先	発数
2004/10/29	ＪＣＢＡ会員社	エフエム あまがさき	10	11/9	FMながおか	10
2004/10/29	ＪＣＢＡ会員社	エフエムうじ	13	11/5	FMながおか	12
2004/10/29	ＪＣＢＡ会員社	エフエムかしま市民放送	3	11/5	FMながおか	3
2004/10/29	リスナー	石黒みき子	1	11/5	FMながおか	1
2004/10/29	ＪＣＢＡ会員社	仙台シティ エフエム	15	11/8	FMながおか	15
2004/11/1	ＪＣＢＡ会員社	エフエムたまな	20	11/9	FMながおか	19
2004/11/1	ＪＣＢＡ会員社	福島コミュニティ放送	30	11/5	FMながおか	30
2004/11/1	ＪＣＢＡ会員社	エフエム　キタ	1	11/9	FMながおか	1
2004/11/1	リスナー	鴎原正継・淳子	2	11/5	FMながおか	2
2004/11/1	ＪＣＢＡ会員社	西宮コミュニティ放送	10	11/5	FMながおか	10
2004/11/1	ＪＣＢＡ会員社	エフエム　アメリカ（現・オービチューン㈱）	1	11/9	FMながおか	1
2004/11/1	ＪＣＢＡ会員社	エフエム　JAGA	35	11/9	FMながおか	5
2004/11/1		エフエム　JAGA	-	11/11	ＦＭゆきぐに	14
2004/11/1	ＪＣＢＡ会員社	ドリームス エフエム	5	11/5	ＦＭながおか	5
2004/11/2	ＪＣＢＡ会員社	横須賀エフエム放送	10	11/5	ＦＭながおか	10
2004/11/2	ＪＣＢＡ会員社	エフエムぬまづ	6	11/5	ＦＭながおか	4
2004/11/2	リスナー	健康倶楽部AtoZ	100	11/2	ＦＭゆきぐに	100
2004/11/2	ＪＣＢＡ会員社	軽井沢エフエム放送	1	11/5	ＦＭながおか	1
2004/11/2	ＪＣＢＡ賛助会員	Ｊ-ＷＡＶＥ社員より	3	11/5	ＦＭながおか	3
2004/11/4	ＪＣＢＡ賛助会員	第一興商	110	11/8	ＦＭながおか	8
2004/11/4		第一興商	-	11/9	ＦＭながおか	102

ＪＣＢＡ着日		社　名	着数	発日	発送先	発数
2004/11/4	ＪＣＢＡ会員社	ねむろ市民ラジオ	10	11/5	ＦＭながおか	10
2004/11/4	ＪＣＢＡ会員社	京都シティエフエム	2	11/5	ＦＭながおか	2
2004/11/4	ＪＣＢＡ会員社	ＦＭ伊丹	12	11/5	ＦＭながおか	12
2004/11/4	ＪＣＢＡ会員社	えふえむエヌ・ワン	10	11/5	ＦＭながおか	9
2004/11/4		えふえむエヌ・ワン	-	11/9	ＦＭながおか	1
2004/11/4	ＪＣＢＡ会員社	新川コミュニティ放送	4	11/5	ＦＭながおか	3
2004/11/4		新川コミュニティ放送	-	11/9	ＦＭながおか	1
2004/11/4	ＪＣＢＡ会員社	ならどっとＦＭ	25	11/5	ＦＭながおか	25
2004/11/5	ＪＣＢＡ会員社	エフエム三木	29	11/8	FMながおか	25
2004/11/5		エフエム三木	-	11/8	FMながおか	4
2004/11/5	（前出）	第一興商	15	11/9	FMながおか	4
2004/11/5	ＪＣＢＡ会員社	エフエムむつ	9	11/11	FMゆきぐに	3
2004/11/5	ＪＣＢＡ会員社	エフエムキャッチ	1	11/9	FMながおか	1
2004/11/5	ＪＣＢＡ会員社	エフエムひらかた	6	11/8	FMながおか	5
2004/11/5		エフエムひらかた	-	11/9	FMながおか	1
2004/11/5	ＪＣＢＡ会員社	エフエム佐久平	11	11/11	FMゆきぐに	4
2004/11/5	ＪＣＢＡ会員社	東九州コミュニティ放送	4	11/9	FMながおか	4
2004/11/5	ＪＣＢＡ会員社	エフエムたじみ	61	11/8	FMながおか	39
2004/11/5		エフエムたじみ	-	11/11	ＦＭゆきぐに	3
2004/11/5		エフエムたじみ	-	11/11	ＦＭゆきぐに	1
2004/11/5	ＪＣＢＡ会員社	ＦＭいるか	54	11/9	ＦＭながおか	54

JCBA着日		社　名	着数	発日	発送先	発数
2004/11/5	JCBA会員社	FMりべーる	10	11/5	FMながおか	8
2004/11/5	JCBA賛助会員	電通	15	11/8	FMながおか	15
2004/11/5	(前出)	FM　JAGA	1			
2004/11/5	JCBA会員社	エフエム周南	5	11/8	FMながおか	4
2004/11/5	JCBA会員社	宮崎サンシャイン	12	11/8	FMながおか	5
2004/11/5		宮崎サンシャイン	-	11/8	FMながおか	1
2004/11/5	JCBA賛助会員	興和	10	11/9	FMながおか	7
2004/11/5	JCBA会員社	おびひろ市民ラジオ(FM　WING)	15	11/8	FMながおか	12
2004/11/5		おびひろ市民ラジオ(FM　WING)	-	11/8	FMながおか	1
2004/11/8		エフエムうじ	15	11/11	FMゆきぐに	14
2004/11/8	JCBA会員社	エフエムくらしき	6	11/11	FMゆきぐに	6
2004/11/8		藤沢エフエム	-	11/11	FMゆきぐに	6
2004/11/8	JCBA会員社	エフエムえどがわ	11	11/9	FMながおか	11
2004/11/8		エフエムくらしき	14	11/11	FMゆきぐに	14
2004/11/8		エフエムくらしき	7	11/9	FMながおか	6
2004/11/8	JCBA会員社	エフエムサン	10	11/8	FMながおか	10
2004/11/8	JCBA会員社	市川エフエム	4	11/11	FMゆきぐに	4
2004/11/8	JCBA会員社	イセハラエフエム	3	11/11	FMゆきぐに	3
2004/11/8	(前出)	エフエムエヌ・ワン	1	11/11	FMゆきぐに	1
2004/11/8	JCBA会員社	エフエム小樽	2	11/11	FMゆきぐに	1
2004/11/9	JCBA会員社	シティエフエム静岡	2	11/11	FMゆきぐに	2
2004/11/10	JCBA会員社	FMくしろ	15	11/11	FMゆきぐに	15

JCBA着日		社　名	着数	発日	発送先	発数
2004/11/11	JCBA 会員社	FM高松コミュニティ放送	1			
2004/11/15	(前出)	シティエフエム静岡	1			
2004/11/17	JCBA 会員社	エフエムたまな	1			
2004/11/17	JCBA 会員社	軽井沢エフエム放送	1			
2004/12/2	(前出)	エフエムたまな	1			
	JCBA	JCBA(FMゆきぐにで確保分)	300	10/27	現地確保	300
	JCBA 会員社	東北地区協議会	100	10/29	直送	100
	JCBA 会員社	尾道エフエム	100	10/29	直送	100
	JCBA 賛助会員	J-WAVE	357	11/2	直送	357
	JCBA 会員社	エフエムゆきぐに	1000		現地確保	1000
	JCBA 会員社	エフエムマザーシップ	7		持参	7
		寄付合計台数	2694			

東日本大震災時の臨時災害放送局は今

東日本大震災では、岩手、宮城、福島の東北3県で24の臨時災害放送局が誕生した。図表2は臨時災害放送局の開局日、閉局日が示されている。現在放送を続けているのは、かまいしさいがいエフエム（釜石市）、りくぜんたかたさいがいエフエム（陸前高田市）、けせんぬまさいがいエフエム（気仙沼市）、やまもとさいがいエフエム（山元町）、とみおかさいがいエフエム（富岡町）、みなみそうまさいがいエフエム（南相馬市）の6局である（臨時災害放送局はすべてひらがな表記で免許が交付される）。

臨時災害放送局の閉局の理由は、第1に地震発生から一定期間が経過しその使命を終えたことが挙げられる（図表2参照）。総務省は臨時災害放送局の定義として、暴風、豪雨、洪水、地震、大規模な火事その他による災害が発生した場合にその被害を軽減するために役立つことを目的とし、臨時かつ一時的に開設される超短波（FM）放送局としている（傍線は筆者）。さらに臨時災害放送局が閉局を余儀なくされる理由がある。財政的な理由である。その実態を検証したい。

図表2　臨時災害放送局一覧（東日本大震災）

県	市町村	周波数		放送区域	名称	開局日・閉局日
岩手県	釜石市	86.0	親局×1	釜石市の一部	かまいしさいがいエフエム	平成23年4月7日
		80.1	中継局×3	釜石市の一部（鵜住居・唐丹・甲子地区）		
	陸前高田市	80.5	親局×1	陸前高田市の一部	りくぜんたかたさいがいエフエム	平成23年12月10日
	大槌町	77.6	親局×1	大槌町の一部	おおつちさいがいエフエム	平成24年3月28日（平成28年3月18日廃止）
	花巻市	78.7	親局×1 中継局×2	花巻市の一部	はなまきさいがいエフエム	平成23年3月11日（平成23年4月3日廃止）
	奥州市	77.8	親局×1	奥州市の一部	おうしゅうさいがいエフエム	平成23年3月12日（平成23年3月29日廃止）
	宮古市	77.4	親局×1	宮古市の一部	みやこさいがいエフエム	平成23年3月19日（平成25年8月26日廃止）
			親局×1	宮古市の一部（田老地区）	みやこたろうさいがいエフエム	（田老局平成26年3月31日廃止）
	大船渡市	78.5	親局×1	大船渡市の一部	おおふなとさいがいエフエム	平成23年4月7日(平成25年3月31日廃止)
		80.5	中継局×1	陸前高田市の一部		（平成23年12月9日廃止）
宮城県	石巻市	76.4	親局×1	石巻市の一部	いしのまきさいがいエフエム	平成23年3月16日（平成27年3月25日廃止）
	山元町	80.7	親局×1	山元町の一部	やまもとさいがいエフエム	平成23年3月21日
	気仙沼市	77.5	親局×1	気仙沼市の一部	けせんぬまさいがいエフエム	平成23年3月22日
			親局×1	気仙沼市の一部（本吉地区）	けせんぬまもとよしさいがいエフエム	平成23年4月22日
	亘理町	79.2	親局×1	亘理町の一部	わたりさいがいエフエム	平成23年3月24日（平成28年3月31日失効）
	名取市	80.1	親局×1	名取市の一部	なとりさいがいエフエム	平成23年4月7日(平成27年2月28日廃止)

県	市町村	周波数		放送区域	名称	開局日・閉局日
宮城県	女川町	79.3	親局×1	女川町の一部	おながわさいがいエフエム	平成23年4月21日（平成28年3月29日廃止）
	大崎市	79.4	親局×1	大崎市の一部	おおさきさいがいエフエム	平成23年3月15日（平成23年5月14日廃止）
	登米市	76.7	親局×1	登米市の一部	とめさいがいエフエム	平成23年3月16日（平成25年3月15日廃止）
	塩竈市	78.1	親局×1	塩竈市の一部	しおがまさいがいエフエム	平成23年3月18日（平成25年9月26日廃止）
	岩沼市	77.9	親局×1	岩沼市の一部	いわぬまさいがいエフエム	平成23年3月20日（平成26年3月31日廃止）
	南三陸町	80.7	親局×1	南三陸町の一部	みなみさんりくさいがいエフエム	平成23年5月17日（平成25年3月31日廃止）
福島県	富岡町	76.9	親局×1	郡山市の一部	とみおかさいがいエフエム	平成24年3月9日
	南相馬市	87.0	親局×1	南相馬市の一部	みなみそうまさいがいエフエム	平成23年4月15日
	福島市	76.2	親局×1	福島市の一部	ふくしまさいがいエフエム	平成23年3月16日（平成24年2月29日廃止）
	いわき市	77.5	親局×1	いわき市の一部	いわきさいがいエフエム	平成23年3月28日（平成23年5月27日廃止）
	相馬市	76.6	親局×1	相馬市の一部	そうまさいがいエフエム	平成23年3月29日（平成26年3月31日廃止）
	須賀川市	80.7	親局×1	須賀川市の一部	すかがわさいがいエフエム	平成23年4月7日（平成23年8月7日廃止）

「わたりさいがいエフエム」の場合（宮城県亘理町）

宮城県亘理町長が免許人の「わたりさいがいエフエム」は、平成23年3月24日開局した。東日本大震災の地震発生から2週間後である。

地域内の生活情報や学校情報、それに年に4回の町議会番組などを放送してきた。そして約5年間の放送活動を終えて、今年（平成28年）3月31日に閉局した。運営を受託していたのは「ＮＰＯ法人エフエムあおぞら」で、ＦＭあおぞらの公式ブログでは、閉局にあたり下記のメッセージが掲載されている。

閉局のごあいさつ

日頃からＦＭあおぞらの放送にご支援、ご協力をありがとうございます。

私たちが運営委託を受け、放送してきた亘理町臨時災害放送は２０１６年3月24日（木）午後4時に閉局いたしました。

これまで本当にありがとうございました。特定非営利活動法人エフエムあおぞらは、引き続き亘理町に地域ラジオ放送を推進する活動を続けていきます。
みなさまの応援をお願いいたします。
２０１６年３月
特定非営利活動法人エフエムあおぞら
吉田圭・西垣裕子

閉局日の３月24日には特別番組を放送、午後４時の放送終了後、スタジオから送信機へつなぐコードが抜かれた。

公式ブログには、存続を求めて集めた署名を亘理町長へ提出したことも書かれているが、署名した人は住民の約１割の３３５３人だったことも報告されている。

住民の１割の署名では存続も難しい。

加えて財政的な問題もある。

筆者が入手した「エフエムあおぞら」の収支は、79頁の図表３に示すように総収入の95％（１８４３万７９９４円）が助成金でまかなわれている。また総経費の76％（１４

64万9416円）が人件費である。さらに毎月の経費が約158万円（年間経費の12分の1）かかるのに対して、現預金は231万円（次期繰越正味財産額）しかない。つまり運転資金が1カ月半しかなく厳しい経営となっていた。

この日、スタッフへ届けられた花束には「コミュニティFMの開局を心待ちにしている」と書かれていたが、開局に伴う初期経費、開局後の運営経費をどのように調達するかが課題である。

拙書「岐路に立つラジオ」（2015年5月　ラグーナ出版）で紹介しているように、自治体などからの多額の助成がなければコミュニティFMの運営は厳しい。

震災復興に臨時災害放送局が大きく貢献した事実は数多くある。

国は、救済策を講じるときに来ている。

図表3　エムエムあおぞら活動計算書
（平成26年4月1日～平成27年3月31日）

科　目	金　額		
Ⅰ経常収益1.受取会費			
正会員受取会費（入会金を含む）	150,000		
賛助会員受取会費			
一般会員受取会費		150,000	
2.受取寄付金			
受取寄付金	420,140		
施設等受入評価益	374,400	794,540	
3.受取助成金等			
受取民間助成金（臨時災害放送委託費）	18,437,994		
受取国庫補助金		18,437,994	
4.事業収益			
企画事業収益（グッズ売上）			
特定非営利活動に係る事業		0	
5.その他収益			
受取利息	1,277		
雑収益		1,277	
経常収益計			19,383,811
Ⅱ経常費用1.事業費			
（1）人件費			
給与手当	13,216,176		
法定複利費	1,429,240		
退職給付費用			
福利厚生費	4,000		
人件費計	14,649,416		
（2）その他経費			
旅費交通費			
施設等受入評価費用	374,400		
減価償却費			
消耗品費	842,646		
燃料光熱費	69,966		
車両費	55,820		

音楽著作権料	130,464		
通信運搬費(事務用)	217,104		
通信運搬費(放送用)	764,640		
手数料（通信その他手数料）	80,945		
保険料	133,560		
リース費用	1,489,104		
放送機器保守費用	119,340		
番組制作経費	59,472		
販売品購入費			
予備費（雑費等）	42,000		
その他経費計	4,379,461		
事業費計		19,028,877	
2.管理費			
（1） 人件費			
人件費			
役員報酬			
法定福利費			
人件費計	0		
（2） その他経費			
会議費（会場使用料等）			
消耗品費			
印刷製本費（会員加入促進用チラシ等）			
その他経費計	0		
管理費計		0	
経常費用計			19,028,877
当期正味財産増減額			354,934
前期繰越正味財産額			1,955,431
次期繰越正味財産額			2,310,365

図表4　NPO法人エフエムあおぞら　貸借対照表
（平成27年3月31日現在）

単位：円

科　目	金　額		
Ⅰ 資産の部			
1.　流動資産			
現金預金	2,310,365		
未収金			
流動資産合計		2,310,365	
2.　固定資産			
車両運搬具			
放送機材等			
固定資産合計		0	
資産合計			2,310,365
Ⅱ 負債の部			
1.　流動負債			
未払金			
預り金	0		
流動負債合計		0	
2.　固定負債			
役員借入金			
固定負債合計		0	
負債合計			0
Ⅲ 正味財産の部			
前期繰越正味財産		1,955,431	
当期正味財産増減額		354,934	
正味財産合計			2,310,365
負債及び正味財産合計			2,310,365

「りんごラジオ」の場合（宮城県山元町）

りんごラジオのスタジオ

宮城県南部に位置する山元町は、平成23年3月21日に臨時災害放送局を申請し、即日免許が交付された。臨時災害放送局の免許は、電話1本で交付される。

山元町は特産品のりんごから「りんごラジオ」という愛称で放送を開始。震災後さまざまな地域情報を発信し、多くのマスコミからもその活動が注目された。

これまでに、放送文化基金賞特別賞、テレビグランプリ特別賞、ＡＴＰ賞など放送業界の権威ある賞を受賞している。

しかし、放送開始から10カ月の平成23年12月に発表された「山元町震災復興計画」には、「りんごラジオ」の将来にわたる活用については触れられていなかった。

「山元町震災復興計画」の基本構想は、「復旧期」「再生期」「発展期」の3段階に分けて復興計画が策定されている。このなかで「復旧期」には、「臨時災害対策用FM放送『りんごラジオ』を設置し、被災者に対する情報提供を推進します」と書かれているものの、「再生期」「発展期」には「りんごラジオ」に関する記述が見当たらない。

「りんごラジオ」の高橋厚局長

山元町当局は、平成23年12月の時点では、「りんごラジオ」の存在価値を低く評価していたのだろうか？

この時期「りんごラジオ」は地域のコミュニティラジオとして、町民から大きな支持を得ていたはずである。

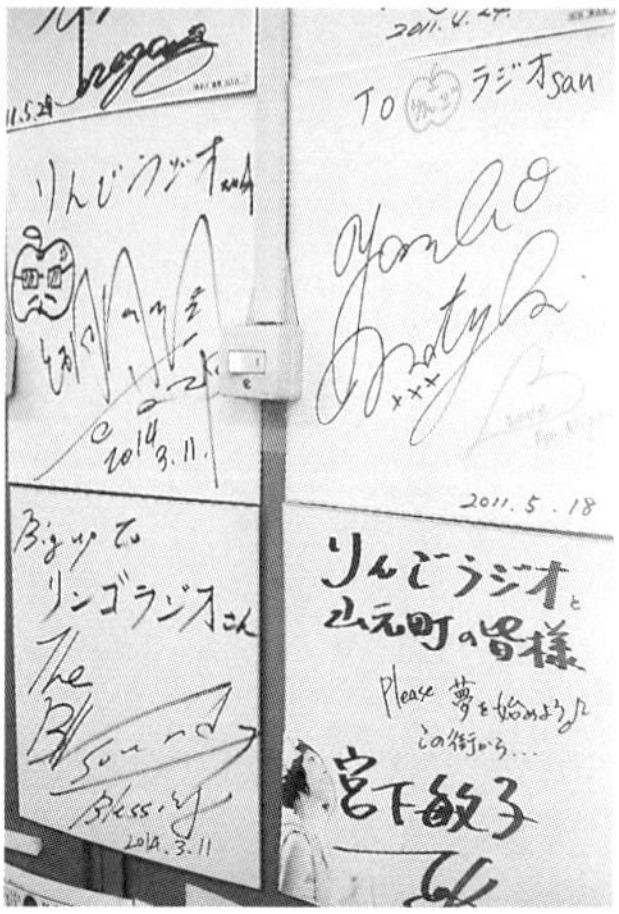

りんごラジオに寄せられたアーティストたちの色紙

平成28年5月、筆者は「りんごラジオ」を訪ねた。

局長の高橋厚さんはかつてTBC東北放送に在職し、報道局長を経験するなどいわゆる「放送のプロ」である。

被災した役場庁舎近くに作られた「りんごスタジオ」。壁面にはこれまでに支援に訪れた多くのアーティストらの色紙が飾られていた。

放送は午前10時から午後6時までで、スタッフは高橋局長の奥様のほかに、通常、女性スタッフ3人でミキサーや選曲などの雑務をこなしている。

「りんごラジオ」の存続について、山元町の齋藤町長は平成26年12月10日に開かれた山元町議会で、議員の質問に対して次のように答えている。

「りんごラジオ」が果たした役割、確かに人材の発掘、活用というふうなことで、地域資源の磨き上げ、ブラッシュアップといいますか、そういうふうな大きな役割も果たしてきたというのも事実でございます。

現在の臨時的な放送局を恒常的なコミュニティFM局にしてはというふうなご指摘、ご提案でございますけれども、かねがね高橋局長さん等々と担当課を中心にその辺も含めた話などもしてきている経緯もございますが、やはりこの放送局を継続的に一定の期間、今後運営していくということになりますと、まずはこの中心的な役割をどなたが果たしていくのかというふうな問題、それから今は交付金を頂戴する中で運営費を賄っているという部分がございますけれども、これをいわゆる恒常的なFM局というふうなことになりますと、相当の運営費を確保、捻出しなければならないということになります。

〜中略〜

もろもろ課題が多いというようなことで、高橋局長さん自身も一定の時期をもってこれはやっぱり整理せざるを得ないというふうな考えもあるようでございますので、そうした面をトータルで考えますと、なかなか山元町としてFM局として継続させるというのは極めて厳しい現実かなというふうに思っております。（傍線は筆者）

齋藤町長のこの答弁は、背景に「山元町震災復興計画」の基本構想があると思われる。

ところが、一年後の平成27年12月9日に開かれた町議会で、齋藤町長は「りんごラジオ」について次のように答弁した。

〜前略〜

りんごラジオの運営の財源である国の緊急雇用創出事業の補助金が今年度で終了することなどから、来年度の放送継続には課題があると認識していました。

〜中略〜

町では放送継続の阻害要因となっていた免許更新の可能性及び財源確保の見通しについて改めて検討を行い、財源確保については復興交付金の活用が期待できるため、放送継続の可能性があることを再認識したところであります」（傍線は筆者）

臨時災害放送局の「りんごラジオ」は、平成24年度に運営委託費として1500万円、平成25年度に同じく1500万円を山元町から交付された。その後、平成26年度からは助成金がゼロになったものの、平成28年度は復興交付金の活用で資金繰りに目途がつき「放送継続」となった。

今後、山元町や国がどのような支援策を示すか注目される。

震災時に、ボランティアや少ない報酬で懸命に被災者救援の情報を流し続けた「りんごラジオ」を支援することはできないのだろうか？　「防災ラジオ」を道路や学校などと同じように「社会資本のひとつ」として位置づけることはできないだろうか？　国や県の支援策を期待したい。

「けせんぬまさいがいエフエム」の場合（宮城県気仙沼市）

「けせんぬまさいがいエフエム」は、震災から10日過ぎた平成23年3月23日に、気仙沼市消防本部の訓練棟内に開局した。当時、気仙沼市内は、電話、電気、水道、ガスなどのライフラインはすべて断絶されていた。気仙沼市は総務省へ臨時災害放送局の開局を申請し、即日許可された。

放送内容は、気仙沼市が発表するライフラインの復旧情報やガソリンスタンド、商業施設の開店情報などで、開局初日には気仙沼市長もメッセージを寄せた。「けせんぬまさいがいエフエム」の運営は、NPO法人の「気仙沼まちづくりセンター」に委託され、現在も放送を続けている。

開局から5年経過した今、「けせんぬまさいがいエフエム」は岐路に立たされている。この数年にわたって、臨時災害放送局からコミュニティFMへ移行を検討しているが、結論が先延ばしされ、実現に至っていない。

その理由は、「自力による経営ができるかどうか?」であると思われる。「NPO法人気仙沼まちづくりセンター」は「けせんぬまさいがいエフエム」の運営のほかに、気仙沼市から「まちづくり支援総合マネジメント」業務を受託している。平成26年度の第16期決算では、図表5に示すように、当期純利益が77万4380円となっている。

売上額のなかで、受託収入金4273万1206円のうち「臨時災害FM事業」と「まちづくり支援総合マネジメント」の割合は不明であるが、いずれにしろ当期純利益が77万4380円ということは、毎月6万4531円（77万4380円÷12カ月＝6万4531円）の利益しか創出できていないことになる。

一歩間違えば赤字転落する危険がある。

東日本大震災により、東北3県で誕生した24の臨時災害放送局のうち、今も放送を続けているのは6局（平成28年5月5日現在）。

これらの局は、震災時に市民にさまざまな生活情報を流しただけでなく、生きる勇気を与えた。

ＮＰＯ法人「気仙沼まちづくりセンター」代表の昆野龍紀さんは、２０１６年の新年の挨拶で、「震災から5年の時を経て、気仙沼の景色はだいぶ変わりつつあります。目に見えるものは日々完成に向かっています。このような時こそ、目に見えないものを守り育てることが大切と考えます。小さな放送局ですが、より安全で安心して暮らせる気仙沼市になりますよう、安らぎの時間を共に過ごせますよう放送してまいります」と抱負を語っている。

震災直後からさまざまな生活情報を流し、復興を応援してきた「臨時災害放送局」に対して、国や自治体の財政的な支援を求めたい。これらの局を支援する施策を国は今、早急につくるべきだと思う。

図表5　NPO気仙沼まちづくりセンター　損益計算書

自　平成26年　4月　1日
至　平成27年　3月31日　　　　単位：円

科目		金額	
【売上高】			
受取寄付金		107,700	
受託収入金		42,731,206	42,838,906
	売上総利益金額		42,838,906
【販売費及び一般管理費】			42,067,042
	営業利益金額		771,864
【営業外収益】			
受取利息			2,516
	経常利益金額		774,380
	税引前当期純利益金額		774,380
	当期純利益金額		774,380

気仙沼まちづくりセンター平成26年度事業報告書より転載

図表6　NPO気仙沼まちづくりセンター　貸借対照表

平成27年3月31日　現在　　　　　　　　　単位：円

資産の部		負債の部	
科目	金額	科目	金額
【流動資産】	【10,913,445】	【流動負債】	【5,552,495】
現金・預金	10,252,830	買掛金	2,270,145
前払費用	272,840	未払費用	390,964
未収入金	387,775	預り金	2,656,569
【固定資産】	【1,250,703】	源泉課税預り金	9,0896
（有形固定資産）	(950,703)	未払仕様ークレジット	81,150
建物	104,554	源泉所得税ー専門家	62,771
車両運搬具	1	負債合計	5,552,495
工具器具備品	846,148		
（投資その他の資産）	(300,000)		
敷金	300,000	純資産の部	
		【株主資本】	【6,611,653】
		資本金	0
		（利益余剰金）	(6,611,653)
		その他利益剰余金	6,611,653
		繰越利益剰余金	6,611,653
		純資産合計	6,611,653
資産合計	12,164,148	負債・純資産合計	12,164,148

臨時災害放送局の課題

臨時災害放送局の運営形態はさまざまである。

免許人は自治体であるが、災害時には自治体も人手が足りなくなる。そこで地域内のコミュニティFMへ運営を委託するわけだ。

これに対して、コミュニティFMはこれまでの免許人としての資格をいったん返上（休止）して、同じ周波数で臨時災害放送局としての放送を続ける。パーソナリティーもいつもと同じスタイルで放送を続ける。

また、聴いているリスナーにとっても、同じ周波数からいつものパーソナリティーが喋っているのを聴くわけで、これまでと何ら変わらない。

しかし、「免許人がこれまでと異なる」ということは、「番組の編集権が免許を取得した自治体に移行する」ということだ。「免許人の移行」は「番組編集権の移行」につながることを忘れてはならないが、この構図を理解しているコミュニティFMの経営者は少ない。

臨時災害放送局になると、「ＣＭの取り扱い」も精査が求められる。

総務省は、臨時災害放送局で「ＣＭを流してもよい」とも「ＣＭを流したらいけない」とも法律上明記されていないとの立場から、ケースバイケースで柔軟に対応しているようだ。

しかし仮に、「ＣＭは流さない」という形で放送した場合、国や自治体はその補償をすべきであろう。

もし放送内容に不適切な表現や事実と異なる事象などがあった場合、最終的には免許権者である自治体がその責めを負う。放送内容に異議が申し立てられ、名誉棄損などで提訴された場合は、免許人である自治体も提訴の対象になりうるが、現在の臨時災害放送局の制度はそのような事態を想定していない。加えて、そのような事態が起こらないように、既存のコミュニティＦＭに委託できる制度になっている。

従って、コミュニティＦＭに対しては、これまで以上に放送内容のチェックが求められる。現状は、ライフライン等の復旧情報など「お知らせ的な内容」であるため、大きな問題は生じないと思われるが、ライフライン復旧後の放送には原稿などの点検が求められる。「自治体からの発表報道」に徹すれば問題は起こらないだろう。問題はライフラインなどの復旧作業が順調に進み、自治体からの「お知らせ情報」が減少してきたときに「どのような内容の放送をすべきか」であると思う。

被災者を元気づけたり、地域コミュニティの強化を推進する番組は問題ないが、仮に「自治体の不作為」や「防災の問題に関して自治体へのクレーム」などが寄せられた場合の対応は、「報道機関としてのスタンス」をとるべきか、または「自治体の広報機関としてのスタンス」をとるべきか、迷うケースが発生すると推測される。

いずれにしろ放送局としては、「被災者や弱者に寄り添うスタンス」が必要であろう。一方、自治体内に既存のコミュニティFMがない場合は、NPOなどの信頼できる団体に業務委託せざるを得なくなるが、この場合、上述した問題をいかに克服できるかが課題となる。

地上波の民放では、「番組考査制度」や「CM考査制度」が社内にあり、問題が生じないような仕組みが構築されているが、コミュニティFMで番組考査やCM考査を実施している局は極めて少ないと思う。

九州地区の一部のコミュニティFMでは、パーソナリティーがマイクの前で雑談しているという指摘もある。雑談が根拠に基づく話ではないところに問題がある。そして、このような番組にはスポンサーはつかない。だから、経営が苦しいという負の連鎖を起こしている。この結果、社員は会社を辞め、社長は解任される事態も起きている。

第3章

伝えるべき情報の限界

地元紙の熊本日日新聞は、防災機関などから連日発表される情報を紙面の1頁以上を使い報道した。すべての情報が、被災者に必要な生活関連情報である（99頁参照）。

これらの情報は、参考資料Ｂ（１３６〜１８１頁参照・4月28日午後3時30分現在）に示すように、自治体や防災関連機関が発信した情報をもとに記事化されている。参考資料Ａ（１３１〜１３２頁参照）は、文字数にして１万６７８８文字である。これらの情報をすべて放送するには1時間以上かかる（1分間に２５０文字を読むとすれば約67分を要する）。

ＮＨＫは、これらの情報を抜粋して定時ニュースの時間帯とは別に、午前4回、午後2回にわたって放送した（１００頁参照）。

地元のテレビ局や県域のラジオ局が、これらの情報をすべて音声で伝達することはかなり難しい。番組編成上から不可能に近い。理由は、東京キー局からのいわゆる「ネットワークのしばり」である。

熊本日日新聞が報道した生活関連情報の紙面

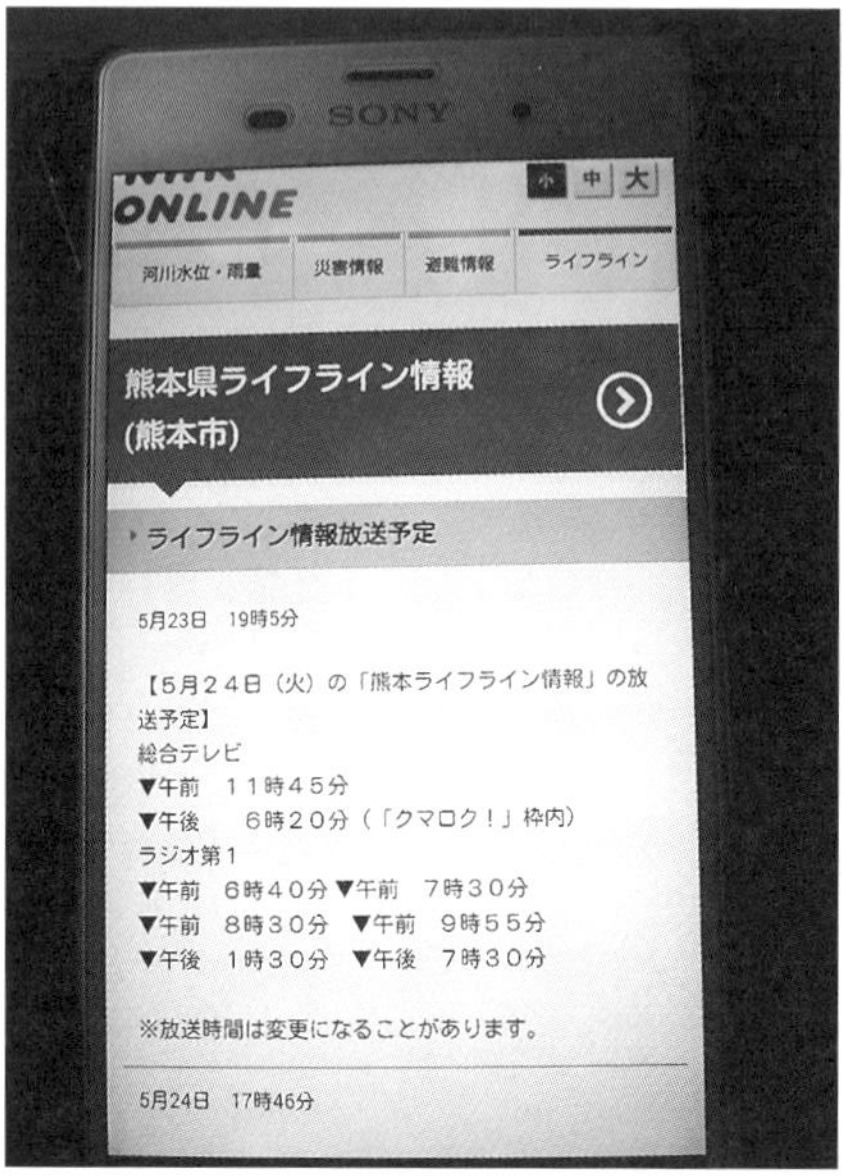

ＮＨＫのライフライン情報

「ネットワークのしばり」とは、特別番組の編成には通常番組のスポンサーや広告代理店の了承が必要となる。

「放送料金、ＣＭ料金の分配の問題」など、これらの作業をまとめるには大きなエネルギーが必要となるため作業処理に消極的になり、結果として「特別番組の編成はＮＯ！」という結論になるケースもある。

情報を発信する自治体や防災関連の機関は、メディア側のこれらの現状をよく理解していない。

「ネットワークのしばり」により、地元テレビ局や県域ラジオ局が伝達しなければならない、きめ細かで被災者に寄り添った情報を発信するには限界がある。

そこで、コミュニティFMが必要となる。

コミュニティFMにはネットワークのしばりがない。フリーハンドで番組編成ができ、情報発信が可能である。

コミュニティFMが「災害時の有効メディア」であるならば、これらの情報を電波で発信しなければならない。もちろん、コミュニティFMのスタッフが、「取材力」「情報整理力」「情報発信力」を備えていることが大前提である。これらの力量は日頃からの社員教育、災害報道訓練などにより培われる。

また、コミュニティFMには、地元テレビ局や県域のラジオ局に比べて、「番組編成上の優位性」があることを知らない経営者や現場の放送責任者が多いのも事実である。一部のコミュニティFMの経営者や放送責任者に対する指導研修も必要ではないだろうか。

全国に300局近くあるコミュニティFMのなかで、どれくらいの局がこれらの力量、つまり「災害報道力」を備えているか？

大学教授や専門家の調査が待たれる。

隣県・鹿児島シティエフエムも臨戦態勢へ

4月14日以降、断続的に発生する地震に備え、隣県の鹿児島シティエフエムは臨戦態勢に入った。九州の大動脈の九州新幹線は全線ストップ。JR肥薩線も運行見合わせ。九州自動車道は地震で通行不能になり、鹿児島から福岡や大阪などに向かう高速バスはすべて運休した。このため鹿児島シティエフエムは、番組内でJRの運行情報や道路情報を連日放送した。

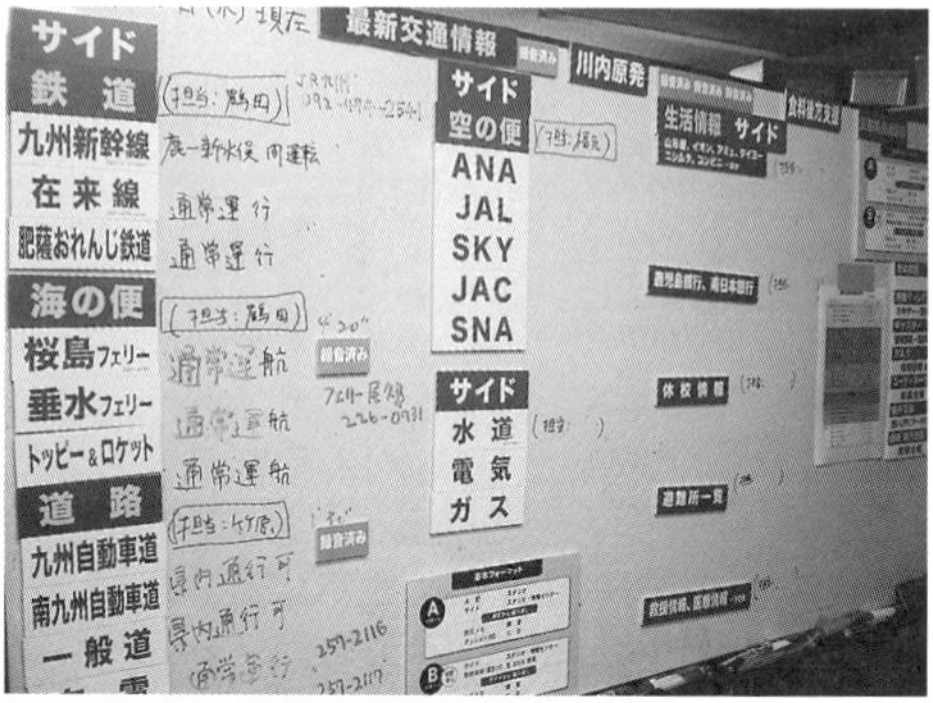

鹿児島シティエフエムの情報共有ボード

台風などの災害時に使用する「情報共有ボード」に、ライフライン情報を加え、川内原発の運転状況なども表示し、放送につなげた。

災害発生時の取材先は、基本的には災害発生前から決まっており、交通情報は鉄道、道路、海路、空路の事業者の4カ所、生活関連情報のなかでライフライン情報は電気、水道、ガスの事業者の3カ所で、これらの情報入手は事前に担当者を決め取材させている。

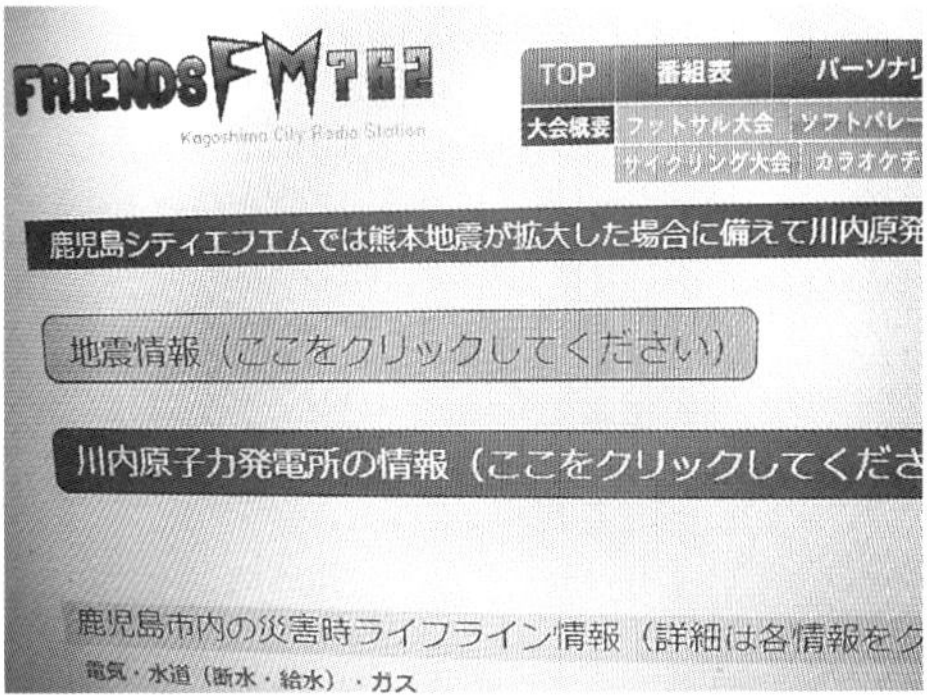

災害時の鹿児島シティエフエムのＨＰ

例えば台風が発生した場合、新幹線など鉄道の情報は営業部の女性、道路情報は総務部の女性、海の便、空の便の情報は放送部の女性と、常に情報入手の担当者を決めている。

災害時の鹿児島シティエフエムのＨＰ

さらに、ホームページでも「災害時の情報画面面サイト」を事前に準備している。

災害時にはこのサイト画面をホームページのトップ画面に臨時挿入し、放送とホームページを連動させ市民へ情報を伝えている。

ライフライン情報などが表示される「災害時の情報画面」を日頃から準備しておけば、災害時には慌てることなく、即座に切り替えることができる。

これらはすべて「防災への備え」である。

日頃から「防災ラジオ」として自負しているコミュニティFMであれば、これらの備えはリスナーに対する最低限の義務である。

これまで12年間、連続黒字経営の鹿児島シティエフエムでは、徹底して無駄を省き、少人数で放送を続けている。

台風などの災害時も、災害発生から6時間くらいは通常スタッフだけで特別番組を編成し放送することができる。

昨年（平成27年夏）、台風8号が直撃した時は、放送内容、つまり「情報露出の質と量」も「県域FM局以上の質の高い放送内容」と一部のリスナーから評価も受けた。

しかし、6時間を超える特別番組の制作は、通常スタッフだけでは無理である。スタッフが休まないといけないからである。

そこで鹿児島シティエフエムでは、「災害報道支援員制度」を設けて応援体制を整備している。災害報道支援員は、有償により9人のメンバーと契約しており、ディレクター班、パーソナリティー班、情報整理と後方支援班に分けて支援する体制になっている。

これらのスタッフは、かつて地元テレビ局のＫＴＳ鹿児島テレビに在籍していた報道部、制作部などの出身者で、いわゆる元プロである。彼らはテレビマンとして蓄積した経験を今も所有しており、鹿児島シティエフエムにとって「災害時の貴重な人的財産」となっている。

災害報道支援員と鹿児島シティエフエムのスタッフが協力することで、長時間の災害報道特番が可能となっている。災害発生から約1週間はこの体制で乗りきることができると考えている。

鹿児島シティエフエムの災害報道支援会議

番組構成は2パターン

拙書「岐路に立つラジオ」（2015年5月、ラグーナ出版）でも紹介したように、鹿児島シティエフエムでは、台風接近など災害時の特別番組のフォーマットを2種類に限定している。

一つは、「本記プラスサイドパターン（交通情報、避難所情報など生活関連情報）」、もう一つは「サイドのみパターン」である。災害発生時は、「本記プラスサイドパターン」で構成し、放送。その後、徐々に「サイドのみパターン」へ移行していく。

これらの制作手法をスタッフが熟知しているので、災害発生時にスタッフ間の無用な会話や作業が発生しない。

鹿児島では毎年台風被害が発生する。日本の南海上で発生した台風は、沖縄や奄美大島周辺を通過し、鹿児島県本土に上陸するケースが多い。

鹿児島シティエフエムでは、台風が奄美大島周辺に接近した時点で台風報道体制に入る。そして、台風情報を番組内にカットインしたり、特別番組を編成する作業は、毎年の恒例行事になっている。

また、台風に限らず大雪（2016年2月）や大雨災害などの時も、前述した2パターンで情報発信を行っている。

軽微な災害でも、日頃からのスタッフの訓練を兼ねながら防災報道に努めることで、スタッフの取材力やアナウンス力などの力量があがる。

２０１４年７月10日、鹿児島を直撃した台風８号関連の特別番組は、拙書「岐路に立つラジオ」で紹介したが、再度ここに再掲する。

平成26年7月10日　台風8号鹿児島直撃に伴う緊急特別番組の内容

	時間	項目	内容	詳　細	パーソナリティー	ディレクター
①	6:13	本記	台風8号	現在地と進路予想	竹原	竹之下
	6:16		天気予報	県内天気概況		
	6:18	サイド	交通・運行情報	市電・市バス・各路線バス・都市間高速バス・空港高速バス・空の便・海の便		
			規制情報	県内各通行止め箇所		
	6:22	END	フィラー音源	J-WAVE		
②	7:11	本記	台風8号	現在地と進路予想		
	7:13	サイド	交通・運行情報	市電・市バス・各路線バス・都市間高速バス・空港高速バス・空の便・海の便		
			規制情報	県内各通行止め箇所		
	7:17	END				
③	8:00	本記	台風8号	現在地と進路予想		
	8:02	サイド	規制情報	県内各通行止め箇所		
	8:03		交通・運行情報	市電・市バス・各路線バス・都市間高速バス・空港高速バス・空の便・海の便		
	8:06		生活情報	ゴミ収集情報・水族館開館情報・避難準備情報・避難勧告情報・避難所情報		
	8:13	END	フィラー音源	クッションBG		
④	8:19	本記	台風8号	現在地と進路予想		
	8:21	サイド	規制情報	県内各通行止め箇所		
			交通・運行情報	市電・市バス・各路線バス・都市間高速バス・空港高速バス・新幹線・在来線・空の便・海の便		
	8:23	END				
⑤	8:34	本記	台風8号	現在地と進路予想		
	8:36	サイド	規制情報	県内各通行止め箇所		
	8:37	END	フィラー音源	クッションBG		
⑥	8:37	サイド	交通・運行情報	新幹線・在来線		
	8:38	END				

⑦	8:44	本記	台風8号	現在地と進路予想		
	8:46	サイド	生活情報	ゴミ収集情報・水族館開館情報・避難準備情報・避難勧告情報・避難所情報		
	8:53	END	フィラー音源	クッションBG		
⑧	9:00	本記	台風8号	現在地と進路予想		
	9:01	サイド	交通・運行情報	市電・市バス・各路線バス・都市間高速バス・空港高速バス・新幹線・在来線・空の便・海の便		
	9:05		生活情報	ゴミ収集情報・水族館開館情報・避難準備情報・避難勧告情報・避難所情報		
	9:11		END			
⑨	9:22	本記	台風8号	現在地と進路予想		
	9:24	サイド	交通・運行情報	市電・市バス・各路線バス・都市間高速バス・空港高速バス・新幹線・在来線・空の便・海の便		
	9:27	END	フィラー音源	クッションBG		
⑩	9:30	サイド	河川水位情報	稲荷川・甲突川・新川・永田川	竹原	竹之下
	9:31	END				
⑪	9:32	本記	台風8号	現在地と進路予想		
	9:33	サイド	交通・運行情報	市電・市バス・各路線バス・都市間高速バス・空港高速バス・新幹線・在来線・空の便・海の便		
	9:37		生活情報	ゴミ収集情報・水族館開館情報・避難準備情報・避難勧告情報・避難所情報		
	9:44	END	フィラー音源	クッションBG		
⑫	9:45	サイド	河川水位情報	稲荷川・甲突川・新川・永田川		
	9:46	END				
⑬	9:47	本記	台風8号	現在地と進路予想		
	9:48	サイド	交通・運行情報	市電・市バス・各路線バス・都市間高速バス・空港高速バス		
	9:49		生活情報	ゴミ収集情報・水族館開館情報・避難準備情報・避難勧告情報・避難所情報		
	9:53	END	フィラー音源	クッションBG		

⑭	10:00	本記	台風8号	現在地と進路予想		
	10:02	サイド	交通・運行情報	市電・市バス・各路線バス・都市間高速バス・空港高速バス・新幹線・在来線・空の便・海の便		
	10:06		生活情報	ゴミ収集情報・水族館開館情報・避難準備情報・避難勧告情報・避難所情報		
	10:13	END				
⑮	10:14	サイド	河川水位情報	稲荷川・甲突川・新川・永田川		
	10:15	END	フィラー音源	クッションBG		
⑯	10:16	本記	台風8号	現在地と進路予想	福元	鶴田
	10:17	サイド	交通・運行情報	市電・市バス・各路線バス・都市間高速バス・空港高速バス・新幹線・在来線・空の便・海の便		
	10:22		生活情報	ゴミ収集情報・水族館開館情報・避難準備情報・避難勧告情報・避難所情報		
	10:28	END				
⑰	10:31	サイド	河川水位情報	稲荷川・甲突川・新川・永田川		
	10:31	本記	台風8号	現在地と進路予想		
	10:33	サイド	交通・運行情報	市電・市バス・各路線バス・都市間高速バス・空港高速バス・新幹線・在来線・空の便・海の便		
	10:37	END	フィラー音源	クッションBG		
⑱	11:30	本記	台風8号	現在地と進路予想		
	11:32		天気予報			
⑲	11:35	サイド	交通・運行情報	ＪＡＣのみ		
			生活情報	市施設一部開館・イベント中止情報		
	11:36		規制情報	県内各通行止め箇所		
	11:38	END	フィラー音源	クッションBG		
⑳	12:27	本記	台風8号	現在地と進路予想		
	12:29	サイド	規制情報	県内各通行止め箇所		
	12:30		交通・運行情報	市電・市バス・各路線バス・都市間高速バス・空港高速バス・新幹線・在来線・空の便・海の便		
	12:36	END	フィラー音源	クッションBG		

くまモンあのね！

放送作家の小山薫堂さんは、熊本地震の被災者や熊本県を激励するために、ツイッターで「くまモンあのね」を始めた。

くまモンの生みの親である小山薫堂さんは、「全国から誰もがくまモンに語りかけ、被災地に対する小さな光をつぶやいてもらう。それを読めば、全国の人の心が震えるだろう。また、被災地熊本の人たちは、頑張っている姿を発信してほしい」と「くまモンあのね」を始めた理由を語っている。

これに全国の人が反応した。

被災地でボランティアができなくても、ツイッターで熊本を励ます支援の輪が始まった。東日本大震災の時は見られなかった現象である。

「くまモン」という人気キャラクターとツイッターを組み合わせた、新しい支援の形である。心が和むツイッターが数多く寄せられている。

「くまモンあのね」の一部を紹介する。

#くまモンあのね

くまモンあのね、大阪の実家に避難している時、スーパーで子供が、このトマト熊本って書いてる…地震が起こった所だよね。僕いっぱい食べるからいっぱい買って！って。こんな小さい子でも助けたいと思ってくれてるんだと思うと、涙が出そうなくらい温かい気持ちになったよ。

#くまモンあのね

くまモンが大好きな仲間で、くまモン座を開いて、熊本に想いを馳せながら熊本の美味しいモンを食べたよ。その時撮ったビデオレターを送るね。またみんなで熊本に行くよ、くまモンに会いに行くよ！

#くまモンあのね

くまモンに初めて会ったとき、みんなを笑顔にしていた姿に、僕は憧れました。今日からくまモンが見られると聞きました。離れたところにいても、今僕にできることはなんだってやります！　熊本が笑顔にあふれる日が戻ることを祈っています。頑張れ！　熊本！　頑張れ！　くまモン！

＃くまモンあのね　私達にできることは小さな事かもしれません。でもこの気持ちに嘘偽りはありません。

＃くまモンあのね　くまモン復活でどれだけの人がホッとするか。ほんとにくまもとの宝だよ（／／／ω／／／）♪　避難所の数３００以上あるけど分身の術でもワープでも何でも使ってがんばってね！

＃くまモンあのね　横浜の普通の町にも熊本県産のトマトが戻って来ました♪また沢山の大地の恵みを待っております。よろしくお願いいたします☆

＃くまモンあのね　くまモンあのね、江津湖の水が少なかったんだけど、少しずつ水が湧いてきて、少しずつ復活してきてるよ。やっぱり熊本は水の国だね（≧▽≦）

テレビは何を伝えたか？（熊本県民テレビ・小川真人アナ）

日本テレビ系列の熊本県民テレビは、今年で開局34年を迎えた。これまでに民放連の番組コンクールで、数々の番組を受賞している。特に、水俣病を追った同局のドキュメンタリーは高く評価された。

4月14日午後9時26分。

大きな揺れを感じた同局の小川真人は、すぐに会社へ向かった。会社は自宅の近くにあり、玄関を飛び出すと路上には多くの人が出ていた。コンビニの商品が散乱しているのを見ながら、急いで会社へ向かった。

小川真人は、この時歩きながら「伝えるべきコメント」を準備した。日頃から防災意識を持っていなければコメントは準備できない。

昭和49年4月、早稲田大学を卒業した小川真人は、KTS鹿児島テレビに入社。番組司会やスポーツ中継などを担当した後、テレビ埼玉に移籍し、西武ライオンズの野球中継を担当した。その後、日本テレビ系列の熊本県民テレビで、アナウンス職や編成職などに就いた。約40年にわたるサラリーマン人生を、テレビマンとして過ごしてきた。

この日、熊本県民テレビの報道フロアに入った小川は、ヘルメットをかぶり、マイクの前に座った。

小川にとっても初めての地震体験だったが、意外と落ち着いていた。

「今ご覧いただいているのは、地震発生直後の熊本市中央区にある熊本県民テレビの報道局の様子です。

先ほど午後9時26分、熊本県で震度7を記録する地震が発生しました。

もしガスの臭いがしたら窓をあけてください。

タバコの火などは絶対に使わないでください。

念のため、ガスの元栓を閉めてください。

必要のない電気器具はコンセントを抜いてください。

家の中での注意事項です。

火の取り扱いには十分注意してください」

このアナウンスはユーチューブでもアップされているが、小川真人アナのコメントを聴くと、「極めてゆっくり、過度な恐怖を与えないように安心感」を伝えていることが分かる。

聴く人に「慌てず冷静な対応」を求めている。後日、筆者は小川真人アナに会い、災害時のアナウンスの在り方について聞くと、「正確に伝える。憶測でアナウンスしない。そして最も重要なことは、落ち着いたトーンで伝えること」と語った。

放送された翌日（4月15日）、午後9時13分にアップされたツイッターでも、次のように評価するツイートが寄せられた。

moon_voyager_0812さんのツイート　２０１６／４／15　21：13：42

「平成28年熊本地震において、ＮＨＫ、民放各局の報道を見て、最も優れた報道をしたアナウンサーは、僕が見た限り、読売系のＫＫＴ熊本県民テレビのベテラン報道局アナウンサーでした（スタジオで伝えていたアナウンサー）。

どんな飛び込み情報でも動じず、噛まず、はっきり分かりやすく、アナウンスしていました。東京の不甲斐なさが際立ちました。

その後、日テレアナウンサー到着後、全国放送からはこのアナウンサーは消えましたが、ずっとあのアナウンサーに報道してほしいと感じるくらい、なぜこんな優れた人が、地方テレビ局なのか不思議でした。本社にこの人以上のアナウンサーは、今は居ません。他の局を含めて、ダントツ安心のアナウンス力でした」


ところで、平成16年10月23日に発生した中越地震で「FMながおか」の佐野護さんの第一報のアナウンスと、脇谷雄介局長（当時）のリポートは高く評価された。佐野護さんは、次のようにアナウンスした。

「お聞きの放送局は76・4MHz、『FMながおか』です。午後5時56分ごろ、中越地方を中心に大きな地震がありました。各地の震度は長岡が震度6強です。また、小千谷、十日町、栃尾でも震度6を観測しています。マグニチュードは6・5です。

さきほど、このスタジオでも非常に大きな揺れを感じました。その後、何度も余震がありました。余震でも非常に大きな揺れを観測しています。皆さんも落ち着いて行動してください。

今も揺れています。今、揺れています。落ち着いて行動してください。

長岡は震度5弱です。

今も非常に大きな揺れがありました。落ち着いて行動してください。火の取り扱いよろしいでしょうか、十分にお気をつけください。

詳しい情報が入り次第お伝えします。

この地震による津波の心配はありません。今も揺れています。

スタジオも大きく揺れています。皆さん落ち着いて行動してください……（続く）……」

続いて、脇屋雄介局長（当時）は、長岡市内で取材した様子を次のように報告した。

「ただいま、長岡市内の様子を見てきましたので、私、局長の脇屋がお伝えします。長岡市内ほとんどの町内で停電しています。大手通りも停電しています。交差点で現在、信号が止まっております。長岡市内各地で停電しています。この停電により交差点の信号が止まっています。したがいまして、誘導の方がいないところでは十分注意してください。

またビルのガラスが割れているところもあります。看板や落下物、自動販売機の転倒から身を守ってください。長岡市内では外に待機している人が多いと思います。家の中にはしばらくは入らないほうがよいと思います。

車の運転中に揺れを感じたら、左に車を停めてください。エンジンを切って、キーをつけたままロックをせずに車から離れてください。

高速道路の情報が入りました。高速道路は全線が通行止めです。市内は渋滞していいます。

これからも余震が続く可能性があります。津波の心配はないということですが、海岸近くでは十分注意してください。先日の台風により地盤が緩んでいますので崖の付近には近寄らないでください……（略）……。

（３度目の大きな余震発生）

あっ大きな揺れです！　皆さん注意してください！　かなり大きな揺れです。

今『ＦＭながおか』スタジオも大きな揺れがきています。

車の運転の方、事故のないよう左に寄せてください……。安全な建物の中、近くの広場へ避難してください。

電車、バスに乗っている方は、荷物などの落下物に注意してください。つり革、手すりにつかまってください。

車外に出るときは乗務員の指示に従ってください……（続く）……」

この２つのアナウンスを聞くと、地震発生時の具体的な様子が伝わる。

脇屋雄介局長は、「『ＦＭながおか』は災害地のど真ん中の放送局で、私達も被災者でした。スタッフの中には、家が半壊した者もいました。被災者と同じ立場にいながら放送を続けたので、リスナーに信頼されましたし、それが私達の誇りでもありました」と当時を振り返っている。

（中越地震で活躍したコミュニティＦＭ局「ACTION BAND」２００５年２月号参照）

第4章

終わりのない地震

連続して起きた震度7の地震。その後も、頻発する1000回を超える余震。広範囲にわたる震源。

熊本地震はこれまでに前例のない形で続いている（平成28年5月5日現在）。地震が発生して3週間経過しても、3万人近い人が避難所生活を強いられている。相次ぐ余震で、「帰れない人たち」と「帰らない人たち」が、毎晩不安な夜を過ごしている。

全国から多くのボランティアが被災地に入り救援活動を行っているが、災害対応には4つのステージがあることを忘れてはならない。

「①命を救う」「②水や食料の供給」「③快適さの提供」「④心と体のケア」である。しかし、熊本地震は余震が長期間続いているため、4つのステージが混在していることが地震対応を複雑化させている。

今回の地震では国の動きに特徴があった。

いわゆる「プッシュ型支援」と呼ばれるもので、国が被災者のニーズを予測して水や食料を運び込んだ。政府は16日の本震が発生した後、避難者9万人に食料90万食を送る方針を表明し、3日後の19日には「90万食の発送を完了した」と発表した。

コンビニでも、一時期パンやおにぎりなどがなくなる事態が発生したが、すぐに回復した。配送センターの職員や運転手を増員した結果、「大きな物流の遅れはなかった」といわれている。

東日本大震災の教訓から生まれた「プッシュ型支援」は大きく評価したい。

ところで、大規模災害では、首長の行動力や的確な判断力が問われる。

今回の熊本地震で陣頭指揮を執る蒲島郁夫知事は、「まず知事が元気に存在することが大事。知事の心が折れたら県民の心も折れる」と語り、被災者救援と復興対策に全力で取り組んでいる（2016年4月30日、朝日新聞）。

さらに河野太郎防災相が、「青空避難所（車中泊、テント泊）を解消し、屋内避難をおこなうように」と伝えたことを痛烈に批判した。

余震が怖くて中にいられない。「自宅へ帰れない」のではなくて「自宅へ帰らない」

のである。被災者の事情が分からずに安易な発言をした河野太郎防災相は、猛省が求められる。

阿蘇山と熊本城は、熊本の二大観光シンボルである。この二つが被災したことで、熊本県民の心が傷ついたのは事実である。

熊本県のまとめでは、県内の水道は約40万戸が断水。ガスを供給する西部ガスは最大で10万戸が供給不能になり、電気は最大45万戸が4月19日まで停電した（5月15日現在）。

九州新幹線が全線開通したのは4月27日、地震発生から約2週間、九州の大動脈の新幹線は部分営業を余儀なくされた。高速道路が全線通行可能になったのは5月9日、約1カ月近く高速道路を使っての九州の南北間の往来ができなかった。このため、国道3号線は熊本県八代市近くで大渋滞となった。

被災地を歩く

地震発生から約2週間経った4月29日、私は熊本市と益城町に入った。

熊本駅の新幹線ホームは、まだエスカレーターが使えない状況だった。中心部の辛島町公園では、全国から集まったボランティアがオリエンテーションを受けていた。活動は避難所支援と個人宅支援に分かれ、この日は１０００人近いボランティアが被災地で活動していた。

市内でも全壊した家屋があちこちに見られ、赤い紙で「危険」と表示されるなど、地震のすさまじさを物語っていた。落下した5階建てのパチンコ店の外壁、ビルの倒壊、傾いた商店街アーケードの支柱、崩落した熊本城の石壁、熊本城石壁の崩落のため全壊した神社など、２回も襲った震度7の恐怖のつめ跡が生々しく残っていた。

繁華街の下通りには、「まけんばい！　熊本」「がんばるけん！　熊本」などと書かれたポスターがあちこちに貼られ、市民を元気づけていた。

益城町では全壊した民家が多く見られ、ボランティアが片付け作業をしていた。避難所になっていた益城町保健福祉センターでは自衛隊が仮設の入浴施設を設置したり、ボランティアが被災者の疲れた体のマッサージをするなどして支えていた。益城町では21人が犠牲になり、全壊した家が１０２６戸に達した（4月22日現在、熊本県発表）。

熊本駅の新幹線改札口

辛島公園に設置された
ボランティアセンター

全国からボランティアが
駆けつけた

ビルの側面の壁が落下

崩壊した神社

商店街アーケードも全壊

ところでNHKは、今回の熊本地震ではピーク時には550人が県外から現地入りしたという（NHK籾井勝人会長の定例記者会見）。

これだけの人材を投入し、それに見合う情報を被災者に届けることができたのだろうか？　ドカドカと現地入りし、被災者や救援者へ迷惑はかけなかったのだろうか？　地震発生から少なくとも1カ月間ぐらいは熊本市内のホテルは予約が取れなかった。原因の一部に「マスコミの過剰なホテル予約であった」という指摘もある。現在、ほとんどのマスコミは引き揚げ、地元のメディアによる地道な報道が続けられている。東京のキー局のテレビ取材は、集中力はあるが持続力がない。テレビはすぐに関心が変化する。移り気メディアである。ここに災害報道における「ラジオの入り込む余地」があると思う。ラジオの持続力はテレビよりはある。

コミュニティFMの経営者や現場スタッフはこのような考え方で日頃から放送業務に取り組めばよい。すると、そこに低迷するコミュニティFMの活路が生まれると思う。

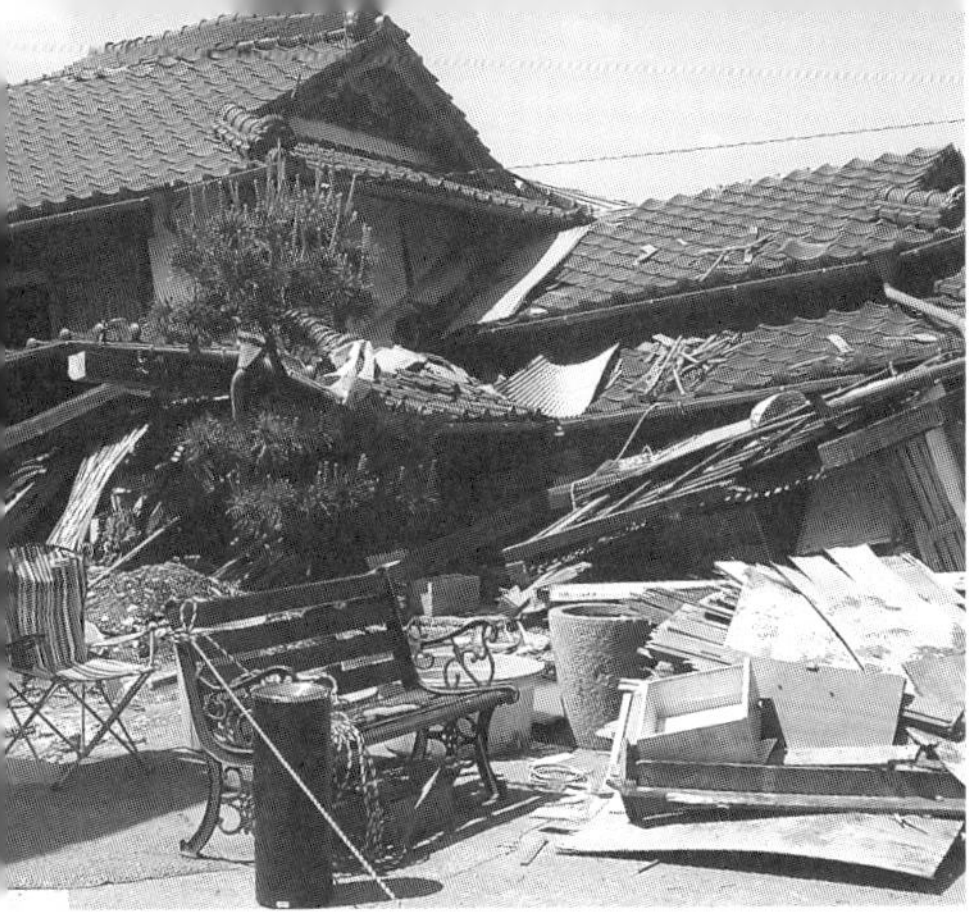

全壊した家屋（益城町）

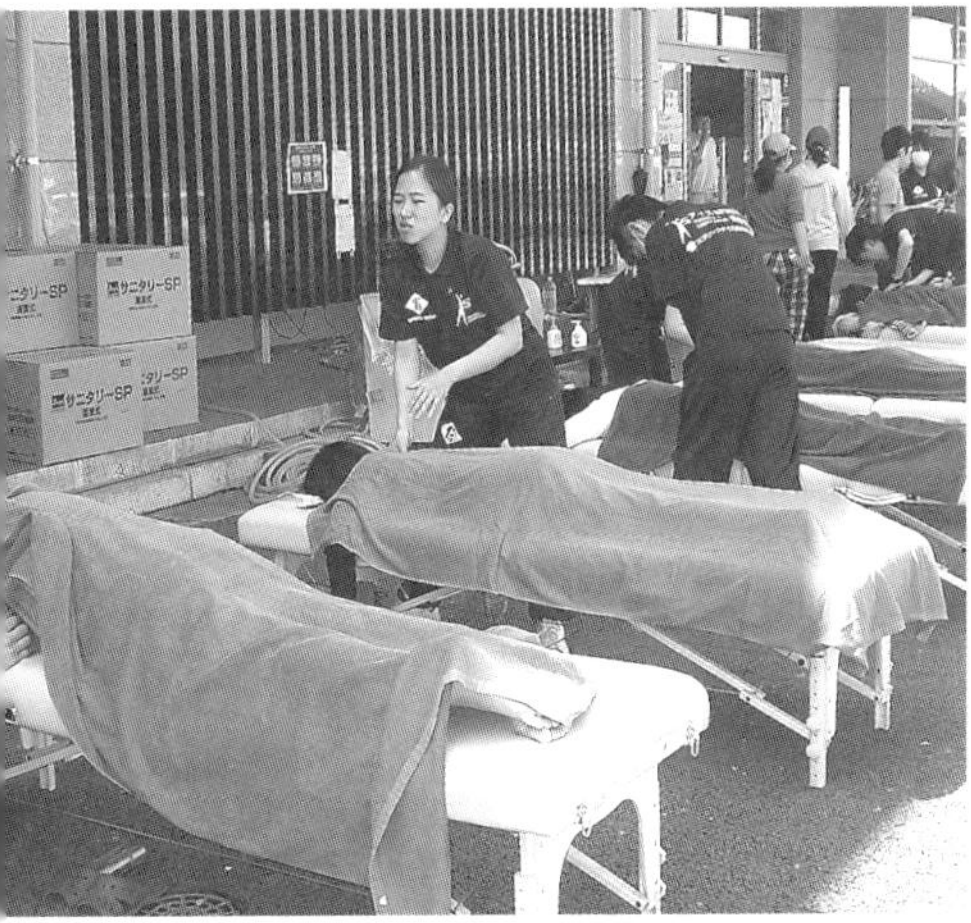

ボランティアが被災者の体をマッサージ

自衛隊が仮設の風呂を設置

自治体や防災機関等が発信した情報は

自治体や防災関連機関が発信する情報は、日々変動するが、4月28日午後3時現在、発信されていた情報は少なくとも19のカテゴリーに分けられた。

①地震・気象情報関連、②安否情報、③避難情報、④ライフライン情報、⑤交通情報、⑥病院情報、⑦給水所情報、⑧入浴施設情報、⑨炊き出し情報、⑩救援物資募集情報、⑪ボランティア情報、⑫義援金の受付情報、⑬住宅支援情報、⑭各種相談窓口案内情報、⑮警察情報、⑯休校情報、⑰閉館施設情報、⑱その他生活関連情報、⑲イベント等中止・延期情報。

そして、これらの情報が発信されている中で、新たな地震がこの日の午後3時34分に発生し、気象庁から以下のような地震情報（参考資料A・次頁参照）が発表された。

気象庁が発表した午後3時34分の時点では、参考資料Aに示した地震の本記情報を繰り返し伝えるべきである。音楽を流していても番組を中断して、地震情報を放送すべきであることは、言及するまでもない。

参考資料Ａ　地震・気象関連情報【本記】《平成28年４月28日15時34分気象庁発表》

28日15時30分頃地震がありました。

震源地は有明海（北緯32・８度、東経130・５度）で、震源の深さは約10km、地震の規模（マグニチュード）は４・７と推定されます。

各地の震度は次の通りです。

〈熊本県〉

震度４　熊本西区春日

震度３　八代市松江城町　八代市千丁町

八代市鏡町　八代市坂本町　玉名市中尾

玉名市横島町　玉名市天水町　山鹿市鹿央町　宇土市浦田町　長洲町長洲　宇城市松橋町　宇城市三角町　宇城市不知火町　宇城市小川町　宇城市豊野町　合志市竹迫　熊本北区植木町　上天草市大矢野町　天草市五和町

震度２　八代市平山新町　八代市東陽町　荒尾市宮内出目　玉名市岱明町　山鹿市老人福祉センター　山鹿市菊鹿町　山鹿市鹿本町　山鹿市山鹿　菊池市隈府　菊池市泗水町　菊池市旭志　玉東町木葉　南関町関町　大津町引水　大津町大津　菊陽町久保田　西原村小森　嘉島町上島　益城町宮園　熊本美里町永富　熊本美里町馬場　山都町下馬尾　氷川町島地　氷

川町宮原　合志市御代志　和水町江田　熊本中央区大江　熊本東区佐土原　熊本南区城南町　あさぎり町須恵　水俣市牧ノ内　芦北町芦北　津奈木町小津奈木　上天草市姫戸町　上天草市松島町　天草市倉岳町　天草市河浦町　天草市有明町

震度1　南小国町赤馬場　産山村山鹿　熊本高森町高森　阿蘇市一の宮町　阿蘇市波野　阿蘇市内牧　南阿蘇村中松　南阿蘇村吉田　南阿蘇村河陰　八代市泉町　八代市泉支所　玉名市築地　山鹿市鹿北町　菊池市七城町　御船町御船　甲佐町豊内　山都町今　和水町板楠　人吉市西間下町　人吉市蟹作町　錦町一武　あさぎり町免田東　あさぎり町岡原　あさぎり町深田　多良木町多良木　多良木町上球磨消防署　水上村岩野　五木村甲　山江村山田　球磨村渡　水俣市陣内　芦北町田浦町　苓北町志岐　上天草市龍ヶ岳町　天草市本町　天草市牛深町　天草市新和町　天草市天草町　天草市本渡町本渡　天草市御所浦町　天草市栖本町

日頃から防災ラジオとして放送しているコミュニティＦＭにとって当然のことであるが、これを実行している局は残念ながら少ない。

第３章で紹介したように、地元紙の熊本日日新聞は参考資料Ｂ（１３６〜１８１頁参照）をもとに、連日生活関連情報として報道した。

「防災ラジオ」としてのコミュニティＦＭは、新聞が発行されるよりも早く（新聞発行日の前日までに）これらの情報を放送すべきである。

しかし、一部のコミュニティＦＭには、これらの多量の情報を整理して放送に導く人材が不足している。情報処理能力の不足である。さらに、これらの情報の入手方法を知らないスタッフもいる。日頃から防災報道に関する研修や訓練を行えば、すぐに解決できる問題であるので早急に防災報道の研修と訓練が求められる。

「防災メディア」としてのコミュニティＦＭへ

電波媒体（放送）の使命は速報性にあり、新聞媒体とは異なり、その優位性を持つ。リスナーに、新聞よりも早く有益な情報を伝えることで、コミュニティＦＭの信頼度が高まる。

今回の熊本地震で、熊本シティエフエムには約2週間で4000通のメールやFAXが届いた。生活関連情報に特化した同局の放送内容に、リスナーが共感した証左でもある。コミュニティFMは、災害時にこそ「我が社の出番だ！」という意気込みで災害報道に取り組むべきである。このことを認識して、現場スタッフは日頃から放送業務に取り組む必要がある。

そして経営陣は、「災害時にどのような体制がとれるか？ その体制は何日間継続できるか？ そのための経費の発生に耐えられる財務状況になっているか？」などを事前に点検しておくべきである。

つまり、仮に災害が発生し「臨時災害放送局」に移行した場合、人件費など管理経費の支払い能力が何カ月間あるかを事前に点検しておく必要がある。

具体的には、決算書（貸借対照表）の現預金の総額が経費の支払い能力となる。「臨時災害放送局」になるとCMをカットされる。CMがカットされるとスポンサーや代理店からの入金がストップされる。入金がストップされると、資金繰りが苦しくなるコミュニティFMも一部にある。

赤字決算が多いコミュニティＦＭへ対しては、金融機関からの融資も一般的には厳しい。全国に３００近くあるコミュニティＦＭは、「災害時の有効メディア」として誕生している。加えて、法的には地上波民放と同様の基幹放送局として位置付けられている。従って基幹放送局であるため設備面などの整備も求められている。

公共の電波を使う立場からは当然である。

このような状況のなかで、防災メディアとしてのコミュニティＦＭは、「財務力」「災害時の放送体制」「日頃からの社員研修制度の実施」「社内体制の整備」など、多くの課題が指摘されている。

これらをいかに克服していくかが「コミュニティＦＭの将来」につながる。

コミュニティＦＭが「防災メディア」として地域から信頼されることを願う。

参考資料B　安否情報・サイド②《これまでに死亡が確認された方々》

益城町広崎・伊藤俊明さん（61）／益城町惣領・荒牧不二人さん（84）／益城町安永・福本末子さん（54）／益城町木山・村上ハナエさん（94）／益城町木山・村上正孝さん（61）／益城町馬水・宮守陽子さん（55）／益城町寺迫・富田知子さん（89）／熊本市東区・坂本龍也さん（29）／熊本市東区・松本由美子さん（68）／熊本市中央区・高村秀次朗さん（80）／熊本市東区・矢野悦子さん（95）／益城町平田・内村宗春さん（83）／益城町平田・西村正敏さん（88）／益城町平田・西村美知子さん（82）／益城町上陳・園田久江さん（76）／嘉島町上六嘉・奥田久幸さん（73）／嘉島町鯰・田端強さん（67）／嘉島町鯰・冨岡王將さん（84）／西原村鳥子・野田洋子さん（83）／西原村布田・内村政勝さん（83）／西原村宮山・大久保重義さん（83）／西原村小森・加藤カメノさん（90）／西原村小森・加藤ひとみさん（79）／福岡県宗像市三倉・福田喜久枝さん（63）／東海大学農学部・脇志朋弥さん（21）／東海大学農学部・清田啓介さん（18）／御船町・持田哲子さん（70）／益城町・村田恵祐さん（84）／益城町・島崎京子さん（79）／南阿蘇村・片島信夫さん（69）／南阿蘇村・片島利榮子さん（61）／益

城町・河添由実さん（28）／南阿蘇村・高田一美さん（62）／益城町・城本千秋さん（68）／南阿蘇村河陽・増田フミヨさん（79）／南区城南町永・椿節雄さん（68）／益城町島田・吉永和子さん（82）／南阿蘇村・橋本まち子さん（66）／益城町・松野ミス子さん（84）／益城町・山内由美子さん（92）／東海大学農学部・大野睦さん（20）／香川県東かがわ市・鳥居敬規（42）／住所不詳・牧野富美さん（46）／南阿蘇村・葛城洋子さん（72）／南阿蘇村・葛城勲さん（75）／八代市・小田住江さん（78）／南阿蘇村・前田友光さん（65）／南阿蘇村・早川海南男さん（71）

▼一連の地震により県内でこれまでに49人が死亡　さらに16人が関連死　けが人は1300人以上

▼南阿蘇村で1人行方不明

▼熊本県内　1696軒全壊　1610棟半壊

【熊本地震所在不明者相談ダイヤル】

TEL：096―333―2815

※警察・各市町村と連携　所在不明者の確認にあたる

月〜金9：00〜17：00　※当面は休日も開設

避難関連情報・サイド③

▼避難所に避難しているのは約4万100人（26日13時30分現在）

【警戒区域】

◇宇土市（浦田町51の市役所、市役所・市民駐車場間の市道浦田1号の一部）

※警戒区域…設定した区域への立ち入りを制限、禁止またはその区域から退去を命ずるものです。従わない場合、罰金または拘留の罰則が科せられます。

【避難指示】

◇熊本市（北区龍田陳内2丁目の一部、北区龍田2丁目32番の一部）

◇宇土市（花園台町の一部、城区、神馬団地区の一部）

◇宇城市（内田、大野、竹崎、曲野南、亀尾）

◇益城町（赤井五楽、赤井木崎、安永3町内地区の一部、福原川内田の西部）

◇甲佐町（堂ノ原）

◇八代市（大島地区の一部）

◇高森町（菅山の一部）

◇御船町（辺田見）

【避難勧告】

◇熊本市

中央区古京町2番、西区上熊本2丁目

1番の一部、西区戸坂町11番の一部・15番の一部・16番の一部、北区龍田陳内2丁目38番・39番、東区下南部1丁目、北区清水岩倉1丁目24番の一部

◇阿蘇市

古城1、2、3の1、3の2、4、5の1、5の2、6、7区、片隅、西小園、湯浦、西湯浦、南宮原、車帰、折戸、宇土、内牧5、狩尾1、2、3区、跡ヶ瀬、的石、鷲の石

◇阿蘇郡南阿蘇村

長野、喜多、東下田、下田、中松二、中松三、黒川、立野、新所、赤瀬、東急分譲地、乙ヶ瀬、立野駅、沢津野、加勢、川後田、栃木、袴野、牧場

◇上益城郡甲佐町

全域

◇菊池市

土砂災害警戒区域など

◇菊池郡菊陽町

戸次

◇上益城郡御船町

全域

◇下益城郡美里町

下中郡

◇菊池郡大津町

上大津、内牧、吹田、外牧、大林、瀬田、真木、錦野、鳥子川

◇上益城郡益城町

全域

合志市
　上須屋の一部
◎地震により揺れの大きかった地域では、地盤の緩んでいる所があります。土砂災害に警戒してください。
【女性専用・ペット連れ専用避難所設置】
各70人程度収容可能
益城町総合体育館芝生広場（大型バルーンシェルター）
※ペット連れの方は出来るだけケージを持参
【避難場所（菊池市）】
※菊池市内の小中学校の運動場
　七城公民館
　旭志公民館
　泗水公民館
　菊地老人福祉センター
【熊本県内の私立高校が避難者受け入れ】
熊本信愛女学院・開新・慶誠・ルーテル学院・熊本国府・文徳・熊本学園大学付属・真和・九州学院・秀岳館（Ｎａｋａｇａｗａふれ愛アリーナ）
※水や食料は持参して、徒歩か自転車で
【熊本市が福祉避難所】
身体障害や知的障害がある方を対象に市

内10カ所に設置

【避難所（指定外含む）の物資不足等の問い合わせ】

お住まいの区役所・役場へ

※熊本市

◇中央区（096—328—2610）

◇東区（096—367—9121）

◇西区（096—329—1142）

◇南区（096—357—4112）

◇北区（096—272—1110）

◎「エコノミークラス症候群」にご注意を。数時間おきに体を動かし、こまめに水分補給を。

◎エコノミークラス症候群（患者数）

県内の主な医療機関によると14日～25日までの入院を必要とした累計患者数は37人

◎妊婦は特に「エコノミークラス症候群」などになりやすいのでかかりつけ医の受診を

※かかりつけ医で受診できない妊婦は熊大病院産科で受診可能　096—373—5522

【エコノミークラス症候群無料簡易検査】

八代郡医師会立病院で25日16時30分～17時30分電話予約（TEL：0965—53—5111）

※車中泊、妊婦、避難所で生活されている方を中心に
※保険証不要・電話予約のこと

ライフライン情報・サイド④

【県内でＷｉ−Ｆｉ無料開放】
コンビニや駅など　ネットワーク名を「００００ＪＡＰＡＮ」に設定すると使用可能

【通信】
◎阿蘇を中心とした一部の地域で電話・インターネット通信などが利用できない状況
◎熊本県全域の公衆電話を無料化

【災害伝言ダイヤル　１７１】
◎メッセージを録音
「１７１」にかけて、自分の電話番号を入力、録音
◎メッセージを聞く
「１７１」にかけて、相手の電話番号を入力

【電気】
20日夜に県内全て送電完了（九州電力）

【ガス】
都市ガス　熊本市など2市5町5万2194戸で供給停止中
約4万8690戸で供給再開　5月8日

までに完全復旧めざす
西部ガスは各家庭や事業所などを訪問し開栓作業を実施中
※西部ガスの作業員は必ず「身分証明書」か「腕章」を着用
※訪問の際は必ず身分を確認してください
【※犯罪注意※】

西部ガス作業員を名乗った犯罪事案が熊本市内で発生。ご注意ください。

【断水】

県内の断水1万6700戸。熊本市内ほぼ全域で通水。水道管破損などにより水が出ない場合あり
※復旧直後の水は濁っています。飲まないでください
【断水解消】
◎徳王配水区内（一部）
26日16時～順次給水予定
◇対象地区
・池亀町・池田4丁目一部・花園1～7丁目
・上熊本3丁目一部・島崎2～7丁目
・谷尾崎町一部
※高台への給水は時間がかかることがあります。
※濁水が発生する場合があります。

【配水区計画断水】
◇〜5月1日（日）午前0時〜午前6時
◎万日山配水区（中央区・西区の一部）
◎徳王配水区（中央区・西区・北区の一部）
◎北部配水区（和泉地区）（西区・北区の一部）
※配水池水位回復のため実施
※城山配水区の計画断水は中止

交通情報・サイド⑤

【JR】
◎九州新幹線
全線運転再開
※全席自由席
◎「いさぶろう・しんぺい」「SL人吉」「九州横断特急」「A列車で行こう」「あそぼーい！」終日運転見合わせ
◎JR豊肥線
（熊本〜肥後大津）本数を減らして運転
（肥後大津〜豊後竹田※宮地駅から豊後竹田駅間はバスによる代行輸送を実施）終日運転見合わせ
◎JR肥薩線
（八代〜吉松）24日の始発列車より運転再開の見込み
※再開に向けての作業状況により列車の運休や遅れが発生する場合がありま

す。
◎JR三角線
運転再開
◎JR鹿児島線
県内全線で運転再開。熊本―八代間で
本数を減らし運行
【熊本電鉄】
（藤崎宮前～御代志）始発列車より日曜・
祝日ダイヤで運行
（上熊本～北熊本）終日運休
【肥薩おれんじ鉄道】
平常運転

【くま川鉄道】
平常運転
【熊本市電】
全線運行
【南阿蘇鉄道】
全線運転見合わせ
【阿蘇くまもと空港】
◎フジドリームエアラインズ　通常運航
◎全日空　27日まで本数減らし運航
◎日本航空　27日まで本数減らし運航
◎天草エアライン　通常運航
◎ソラシドエア　27日まで本数減らし運

航
◎ジェットスター　通常運航
【高速バス・特急バス】
高速バス※特別ダイヤで運行（高速　西合志、武蔵ヶ丘バス停乗降不可）
ひのくに号（熊本―福岡）
※災害特別ダイヤで運行（高速　西合志、武蔵ヶ丘バス停乗降不可）
ぎんなん号（熊本―小倉）
きりしま号（熊本―鹿児島）
なんぷう号（熊本―宮崎）迂回運行中
りんどう号（熊本―長崎）
快速：あまくさ号（熊本―本渡）※本数を減らし運行

【熊本―福岡県の高速バス】
◎特別設定ダイヤで運行
◇熊本―福岡
※道中休止バス停あり
◎終日運休
◇熊本―福岡空港
◇黒川温泉―福岡・福岡空港
【H・I・S・臨時バス】※熊本～福岡
◇25（月）
16：00熊本市民会館前発
↓19：30～20：30JR博多駅筑紫口ローソン前着
◇26（火）
9：00JR博多駅筑紫口ローソン前発

↓12：30〜13：30熊本市民会館前着
◎料金　大人片道2000円　往復3700円

【一般路線バス】
一部運行を再開している路線あります
が、渋滞のため大幅な遅れが発生している路線あり。詳しくは各バス会社のHPで確認を。
※熊本電鉄バスは通常運行

【熊本バス】
〜5月8日（日）土日祝ダイヤにて運行
深夜バス運休

【熊本都市バス】
◇運休
・秋津健軍線
・熊本城周遊バス「しろめぐりん」
◇一部迂回路線
・小峯京塚線
※池尻〜三山荘間　戸島方面東部交流センターへの迂回運行
・第1環状線、中央環状線、熊本駅県庁線、熊本駅長嶺線
※白川橋通行止めのため、泰平橋へ迂回運行

【熊本電鉄】

・藤崎宮前駅〜御代志駅間は、日曜・祝日ダイヤで運行
・上熊本駅〜北熊本駅間は終日運休
・路線バスは平常運行（※北熊本エアポートバスは運休）

【八代市役所無料バス】
◇本庁舎使用停止のため、機能を移転している千丁支所までの無料バスを運行
◎27日（水）〜当分の間運行
◎乗車場所
・本庁…別館東側駐車場
・千丁支所…南側駐車場付近
※土日祝を除く

【本庁発】
9：00
10：00
11：00
13：00
14：00
15：00

【千丁支所発】
9：40
10：40
11：40
13：40
14：40
16：00

【海の便】
◎熊本フェリー・九商フェリー（熊本〜島原）は27（水）までの全便欠航の予定を繰り上げ22（金）から全便運航再開予定
◎島鉄フェリー（鬼池・口之津）荒天のため運航見合わせ
【高速道路】
◎九州自動車道　植木IC〜八代IC間全面通行止め
※ただし、植木IC〜益城熊本空港IC間は　◎緊急車両◎物資輸送車両◎高速バスのみ通行可能
◎通行止め一部解除
・嘉島JCT〜八代IC
・嘉島JCT〜小池高山IC
◇通行止め継続中・植木〜嘉島JST
【通行止め】
熊本市などを通る国道3号の一部区間が全面通行止め
益城くまもと空港インター付近で一部道路隆起　道路陥没多数　移動は十分注意してください
病院情報・サイド⑥
【診療可能の主な医療機関】
◎受け入れ可能医療機関詳細は熊本市医

師会HPに掲載中
・熊本赤十字病院
・熊本医療センター
・済生会熊本病院
・熊本大学医学部附属病院
・熊本機能病院
・くまもと森都総合病院
・宇城総合病院
・公立玉名中央病院
・川口病院
・阿蘇医療センター
・矢部広域病院
・熊本労災病院
・人吉医療センター
・水俣市立総合医療センター
・上天草総合病院
・天草中央総合病院
・くわみず病院
・熊本中央病院
・熊本整形外科病院
・山鹿市民医療センター
・桜十字病院
・桜十字八代病院
・八代郡医師会立病院
・阿蘇温泉病院

【自衛隊救護所】（24時間対応）
・自衛隊熊本病院
・益城町保健福祉センター
・嘉島中学校

・宇城市役所
【熊本市休日夜間急患センター】
◎小児科、内科、外科は熊本地域医療センター（中央区本荘）で再開
◇全科　18時～23時
◇問い合わせは熊本地域医療センター
（TEL：０９６－３６３－３３１１）
※熊本市医師会館駐車場の「小児科仮設診療所は」24日で終了しています
◎産婦人科診療
◇福田病院（熊本市中央区）通常通り診療（午前9時～午後6時）※他院を受診中の方も母子手帳があれば可能
◇かかりつけ医で受診できない方は熊本大学付属病院でも受診可能
問い合わせ　熊大病院産科０９６－３７３－５５２２
◎受け入れ不可能・熊本市民病院
【健康チェック・健康相談会】
27日午前10時～午後4時
場所：コープ春日
問：医療福祉生協連０９６６－６２－５０８０
◎「エコノミークラス症候群」にご注意を。数時間おきに体を動かし、こまめに水分補給を。
◎エコノミークラス症候群（患者数）県

内の主な医療機関によると14日～25日までの入院を必要とした累計患者数は37人
◎妊婦は特に「エコノミークラス症候群」などになりやすいのでかかりつけ医の受診を。
※かかりつけ医で受診できない妊婦は熊大病院産科で受診可能096―373―5522

【エコノミークラス症候群無料簡易検査】
八代郡医師会立病院で25日16時30分～17時30分電話予約（TEL：096―553―5111）
※車中泊、妊婦、避難所で生活されている方を中心に。
※保険証不要・電話予約のこと。

【薬】
被災者の慢性疾患などの常用薬について、医師の処方箋がなくても薬局で処方可能に。保険も適用、処方歴の確認や事後の処方箋提出が条件なので薬局に相談を。

給水所情報・サイド⑦
熊本市内給水活動（27日）
※7時～21時
◇中央区
・一新小学校（新町3―10―45）

・黒髪小学校（黒髪2―2―1）
・熊本市役所1階（手取本町1―1）
・白川公園（草場町5―1）
・五福小学校（細工町2―25）
・熊本市上下水道局（水前寺6―2―45）
◇東区
・託麻西小学校（御領2―3―30）
・長嶺小学校（長嶺南7―22―1）
・日下部公民館（戸島1―15―48）
・健軍水源地（水源1―1―1）
・託麻東小学校（戸島3―15―1）
・戸島団地（戸島西1―34―2）
・託麻スポーツセンター（上南部3―22―30）

◇西区
・城西小学校（島崎3―12―60）
・城西中学校（小島8―17―1）
・花園小学校（花園6―9―15）
・西部上下水道センター（池上町901―1）
・荒尾団地公園
・池亀公園（池亀町12）
・熊本新港船着き場（新港1―1／～19時）
◇南区
・舞原公民館（城南町舞原278）
・城南中学校（八幡8―1―1）
・下益城城南中学校（城南町宮地1020―1）

・南区役所（富合町清藤405―3）
・日吉小学校（近見1―9―30）
・平成中央公園（馬渡1―63）
◇北区
・龍田小学校（龍田7―7―1）
・弓削小学校（龍田町弓削879―1）
・武蔵小学校（武蔵ケ丘3―15―1）
・武蔵中学校（武蔵ケ丘4―19―1）
・清水岩倉台地区（清水岩倉3―8―8）
・北部総合出張所（鹿子木町66）
・高平台小学校（高平1―17―28）
※水を入れる容器を持参。
・熊本新港船着き場（新港1―1※午前8時～午後7時）
※九州地方整備局所有船が飲料水提供容器が必要。
◎嘉島町役場（嘉島町上島530）
【自衛隊による玉名市内給水活動】（25日から※8時30分～17時15分）
◎玉名市役所
※水を入れる容器持参。
【水が出ない方専用コールセンター】（熊本市が設置）
◎24時間対応096―381―5600

入浴施設情報・サイド⑧

【自衛隊による仮設浴場】（27日・時刻は全て予定）

・熊本市託麻スポーツセンター（13時〜21時）
・熊本市錦ヶ丘公園（15時〜22時）
・熊本市南部総合スポーツセンター（15時〜22時）
・熊本市城南総合スポーツセンター（15時〜22時）
・益城町保険福祉センター（15時〜22時）
・益城町総合運動公園（15時〜22時）
・光の森　町民センター（15時〜21時）
・宇城市役所（10時〜12時／17時〜20時）
・嘉島町役場（9時〜12時／17時〜20時）
・大津町運動公園（15時〜22時）
・西原村西原中学校（15時〜22時）
・西原村山西小学校（15時〜22時）
・西原村河原小学校（15時〜22時）
・御船町御船カルチャーセンター（15時〜22時）
・甲佐町グリーンセンター（8時〜22時）
・山都町役場矢部保険福祉センター（15時〜20時）
・阿蘇農村環境改善センター（13時〜22時）

・阿蘇西小学校（13時～22時）
・阿蘇小学校（13時～22時）
・阿蘇一の宮小学校（13時～22時）
・阿蘇中学校（13時～22時）
・南阿蘇村役場長陽庁舎前（12時～21時）
・南阿蘇西小学校（12時～21時）
※詳しくは陸上自衛隊西部方面総監部広報室TEL：096―368―5111までお問い合わせ下さい。

【熊本海上保安部巡視船による給水・入浴・充電】
熊本港（午前9時～午後3時）
八代港（午前10時～午後5時）
三角港（午前8時～午後5時）
お問い合わせ　第十管区海上保安本部（099―250―9800）へ※午後5時15分まで

◎車中泊する方は、ときどき体を動かすなどして、エコノミークラス症候群に注意しましょう。

【営業している入浴施設】
・健軍の湯一休
・ばってんの湯
・荒尾温泉ドリームの湯
・玉名温泉つかさの湯（営業再開10時～23時）
・草枕温泉てんすい

・水辺プラザかもと湯花里
・不知火温泉ロマンの湯（宇城市不知火町）
・古保山リゾート（宇城市松橋町）
・なごみ温泉やすらぎの湯（宇城市小川町）
・水春（嘉島町）
・愛夢里
・ペルラの湯舟
・スパ・タラソ天草
・つなぎ温泉四季彩
・茶湯里
・ゆのまえ温泉湯楽里
・華の番台
・さくら湯
・山鹿どんぐり村
・七城温泉ドーム（午前10時～午後10時）
・大谷の湯
・菊陽温泉さんふれあ
・湯らっくすゲンキスクエア（熊本市中央区本荘町）
・道の駅美里　佐俣の湯

【熊本県浴場組合無料開放】
・菊の湯（中央区新町・午後3時～午後6時）
・大福湯（中央区坪井・午後1時～午後11時）
・たかの湯（東区・午後2時～午後11

時）
・あしはらの湯（北区植木町・午前9時～午後10時）
・松の湯（北区植木町・午前8時～午後9時30分）
・サンパレス松坂（山鹿市・午前11時～午後10時30分）
・玉名ファミリー温泉（玉名市・午後3時～午後9時）
・潮湯センター海老屋（長洲町・午前9時～午後8時）
【植木温泉無料開放】（21日～通常料金で営業）
※対象者熊本市民（市外でも可・免許証など住所がわかるものをお持ち下さい）
鷹の家
平山
龍泉閣
いろは
大月苑
松乃湯
【平山温泉無料開放】（今週末までメド）
天然の湯温泉センターフローラ
上田屋
【玉名市内公共入浴施設無料開放】（～30日）

玉名市福祉センター　8時30分～16時
岱明コミュニティセンター「潮湯」9時～16時
横島総合保健福祉センター「ゆとりーむ」10時～21時
岱明ふれあい健康センター　9時～21時
【水上村湯山温泉旅館組合無料開放】（4／30（土）まで）
湯山温泉　元湯　一房観光ホテル
タオルはご持参ください。
【水上村　一時避難時の宿泊料金半額免除】（4／30（土）まで）
一房観光ホテル（TEL：0966－46－0234）
一房庵なるお（TEL：0966－46－0221）
温泉旅館水上荘（TEL：0966－46－0835）
㈱みずかみ（TEL：0966－49－6011）
民宿小川（TEL：0966－46－0129）
民宿川原（TEL：0966－46－0063）
民宿白水（TEL：0966－46－1105）
旅宿美野里（TEL：0966－46－0671）

民宿山水（TEL：0966─46─0027）
茶乃裏（TEL：0966─46─0054）
瓢鰻亭（TEL：090─1081─3653）
民宿おのや（TEL：0966─46─0552）
※熊本地震の被災者対象。住所の確認あり。
【ホテルセキア無料開放】（11時～17時／4／30（土）まで）
タオルはご持参ください。

【その他入浴施設無料開放】
◇ホテルセキア（南関町・～30日）
【シャワー室無料開放】（土日祝除く当分の間8：00～17：00）
◎松浦重機熊本営業所（上益城郡益城町小谷1301─1）
※簡易シャワー室のため、タオル等はご持参ください。
【洗髪の無料サービス】（19日から）
熊本県理容生活衛生同業組合荒尾支部に所属の理容店では、被災者に洗髪とヘアーセットの無料サービスを実施。
※免許証、保険証等の住所が確認できる

ものを持参のこと。

炊き出し情報・サイド⑨

【自衛隊による炊き出し】（昼12時〜／夕18時〜予定）

・益城町保健福祉センター
・益城町役場
・アクアドーム
・南区役所
・長嶺中学校
・錦ヶ丘中学校
・益城総合運動公園
・熊本西区役所
・力合小学校
・宇城市役所前
・小川総合文化センターラポート
・宇城市豊野コミュニティーセンター
・嘉島町役場

救援物資情報・サイド⑩

【救援物資募集情報】（18日〜24日）

※人吉市で募集し、熊本市の各避難所の希望先へ発送。

募集期間：18日〜24日（午前9時〜午後5時15分）→各避難所への発送26日（火）予定

受付場所：人吉市役所別館横大会議室

受付品目：◎水、お茶（ペットボトル）◎食糧（日持ちするもの、2週間程度賞味期限のあるもの）◎日用品◎タオル、

ごみ袋
問い合わせ：人吉市役所企画課０９６６—２２—２１１１（内線２２２２、２２２３）
【救援物資受付】
※荒尾市で募集し各避難所の希望先へ発送。
荒尾市総合福祉センターでペットボトル、保存食、衛生用品など受付（～26日）。
※新品のみ　生もの、衣類などは不可。
【避難所用（指定外も含む）断熱シート無償提供】

避難所や個人宅の所在地、代表者の名前、連絡先を電話またはショートメールでご連絡を。
ＮＰＯ法人Ｖネット岐阜０９０—８８６２—７９９９
義援金受付情報
【義援金の受付】（18日～24日）
◇熊本地震義援金　熊本県知事　蒲島郁夫
肥後銀行県庁支店　普通１６３９２６１（6月30日まで取扱）
◎鶴屋東館、ＷＩＮＧ館、Ｎｅｗ—Ｓ10時～18時

※本館、八代店、八代生活彩館は当分臨時休業

【熊本パルコ】

◎営業中　70店舗のうち63店舗　28日まで11時30分～18時

【NPO法人アトピッ子地球の子ネットワーク】

アレルギー対応食品、ぜんそく用の吸入器などを無料送付　電話03—5948—7891

ボランティア情報・サイド⑪

【ボランティア募集　災害ボランティアセンター】

◎熊本市
電話090—6653—1552
電話090—6653—1649
電話090—6653—1648

◎菊池市
電話090—8348—3147
電話090—8348—2821

◎大津町
電話090—8348—2570
電話090—8348—2784

◎益城町
電話096—289—6090
電話096—289—6092

◎宇土市

電話0964―23―3756
◎南阿蘇
電話0967―67―2511
◎菊陽町
電話096―232―4824
◎山都町
電話0967―82―3345
【ボランティア留意点】
◎食費・宿泊費・交通費は自己負担　各自で確保
◎万が一に備え「ボランティア活動保険に加入」
※問い合わせはお住まいの市町村の社会福祉協議会に。
◎〝ミスマッチ〟を防ぐため最新の情報を入手　綿密な計画を

休校情報・サイド⑫

【休校】
熊本市立の小中高校・専門学校・幼稚園（～5月9日）※一部学校を除く
熊本大学（～5月6日）
益城町立の学校（～4月30日）
【25日以降の休校情報（公立小中学校・幼稚園）】
◇南阿蘇村、西原村　5月6日（金）まで
◇益城町　4月29日（金）まで

◇御船町　御船小、檜小は25日（月）まで、他は22日（金）までに決定
◇和水町　25日（月）～再開予定
◎４月30日（土）まで休園
熊本市の保育所、幼保連携型認定こども園、地域型保育所事業所
【４月27日より開園の市立保育園】
◇中央区　本荘保育園
◇北区　清水保育園
※私立保育園は園へお問い合わせ下さい
各種相談窓口案内情報・サイド⑬
【国税局】
熊本県内に納税地を有する方の、平成27年消費税および地方消費税の確定申告分の振替納税　25日（月）の振替をいったん中止
被災者は申告・納税等の期限延長可能
詳しくは国税局ＨＰへ
【車検証の有効期間の伸長（九州運輸局）】
熊本県と大分県の一部に使用の本拠を有する車両のうち、自動車検査証の有効期間が４／15～５／14までの車両は、５／15まで有効期間を伸長
約３万９００台が対象
※大分県の一部…別府市、日田市、竹田市、豊後大野市、由布市、九重町、玖

珠町

【各種相談窓口】

◇地震保険の加入会社等が不明な場合

◎自然災害損保契約照会センター（ＴＥＬ：０５７０―００―１８３０）

※９時15分～17時（土日祝除く）

◇生命保険の加入会社等が不明な場合

◎災害地域生保契約照会センター（ＴＥＬ：０１２０―００―１７３１）

※９時～17時（土日祝除く）

◇外国人が相談に来られた時の通訳対応

（緊急災害電話通訳サービス）

◎ブリックス（ＴＥＬ：０５０―５８１４―７２３０）

（対応）英語、中国語、韓国語、ポルトガル語、スペイン語

◎ビーボーン（ＴＥＬ：０９２―６８７―５１３７）

（対応）英語、北京語、韓国語、タイ語、ベトナム語、インドネシア語

【こころの健康相談】

地震で心身の不安定を感じたら０９６―３６２―８１００

熊本市のこころの健康センターへ相談を

平日午前９時～午後４時

【熊本市　市税個別相談窓口】

４月14日以降に到来する熊本市税に係る

申請・納付等の期限を延長
※いつまで延長するかは後日告示。
◎地震の影響で既定の期限までに申請・納付等が困難な方は個別の相談を
税制課（096―328―2173）：法人等の市民税、市たばこ税、入湯税、事業所税
課税管理課（096―328―2195）：個人の市民税、固定資産税・都市計画税、軽自動車税
納税課（096―328―2204）：納付・納入に関すること

【中小企業ワンストップ特別相談会】
震災で影響を受けた中小企業の経営相談全般
◇27日（午前10時～午後4時）
県央：熊本商工会議所096―354―6688
県北：県北経営支援サポートオフィス（山鹿市鹿本町）
県南：県南経営サポートオフィス（八代市千丁町）096―325―5161（熊本県商工会連合会）
◇28日（午前10時～午後4時）
熊本市託麻商工会・甲佐町商工会096―325―5161（熊本県商工会連合会）

【電話による中小企業特別相談窓口】

震災による経営相談全般
096―286―3355くまもと産業支援財団よろず支援拠点推進室

【被災農林業者の金融支援相談窓口】
農林水産部団体支援課金融班
096―333―2371（平日：午前8時半～午後8時　土日・祝日：午前8時半～午後5時15分）または最寄の金融機関、地域振興局へ

【出産費・検診費支援】
◇NPO法人円ブリオ基金センター
TEL：0120―70―8852（平日10時～16時）
embryokikin@nifty.com
◎家が全壊した。
◎シングルマザーで被災し働く場所を失ったなど。
援助が必要な妊婦さんの出産費や検診費を応援。

【JAF　車両無料点検サービス】
◇エンジンルーム、空気圧、ランプ類のチェックなど
◎①移動型（被災地巡回）
・～終了日未定
◎②JAF熊本支部駐車場（熊本市東区長嶺東）
・25（月）～28（木）10時～17時

【工場（操業停止）】

ホンダ（大津町）
コカ・コーラウエスト（菊陽町）
三菱電機（合志市、菊池市）
サントリー（嘉島町）
ルネサス川尻工場（熊本市）
ソニーセミコンダクタ（菊陽町）
東京エレクトロン九州（合志市）

その他　生活関連情報・サイド⑭

【ゴミ収集】

◎熊本市は災害ゴミ収集に特化するため、生活ゴミのうち燃やすゴミ以外の収集を22日から一時中止（植木地区除く）。

◎益城町・嘉島町・西原村の被災地域の燃えるごみを、玉東町の東部環境センター、長洲町のクリーンパークファイブで受け入れ。

【燃えるごみの受け入れ】

◇玉東町　東部環境センター
◇長洲町　クリーンパークファイブ
家庭から出される「燃えるごみ」を1日最大20トン受け入れ
（問い合わせ）有明広域行政事務組合
（TEL：0968—72—5885）

【熊本市の家屋解体廃棄物】

扇田環境センターで受け入れ開始（植木地区除く）
◇持ち込めるもの
熊本地震により発生した家屋解体廃棄物
（瓦・コンクリートくず・ボードくず・木くず・畳）
◎月～土曜8時半～16時半
◎問合せ　扇田環境センター
（096―245―2696）
【熊本市福祉避難所】
身体障害や知的障害がある方を対象に市内10カ所に設置

【避難所（指定外含む）の物資不足等の問合せ】
お住まいの区役所・役場へ
※熊本市
◇中央区（096―328―2610）
◇東区（096―367―9121）
◇西区（096―329―1142）
◇南区（096―357―4112）
◇北区（096―272―1110）
【臨時託児サービス】
期間：4／25～30　※29日（祝）除く
託児時間：7時～18時
施設：西原公園児童館（中央区九品寺4―24―4）

※三歳以上の未就学児（現在保育所等に入園している児童に限る）
申込み先：熊本市こども支援課　096—328—2158

【発達障がい児の一時預かり】

熊本市が26～28日、発達障がい、またはその疑いのある幼児の日中預かり保育を実施。熊本市在住の幼児で通園中の保育園等が地震のため開園していない方、または未就園の方。

要予約（問）096—366—8240

【子ども一時預かり】

被災者を対象に
・未就学児の一時預かり
・小学校低学年の子どもの学童
（問）ニコ保育園（熊本市東区小山）
TEL：096—388—0025

【熊本市施設状況】

熊本市経済観光局所管施設（4／27水以降）4／27（水）以降開館施設
※5／9（月）までは無料で一般開放
（地震前までの予約優先）
1．天明運動施設
2．植木総合スポーツセンター公園
3．飽田公園
4．清水新地公園野球場
5．清水新地コート

6．北部公園
7．新屋敷公園テニスコート
8．河内グラウンド
9．熊本城公園テニスコート
10．城山運動施設
11．田原スポーツ公園
12．吉松スポーツ公園
13．塚原グラウンド
14．雁回公園
15．城山公園
16．今熊公園
5／9（月）まで閉鎖の施設
※5／9（月）以降の営業再開は施設の修繕機関などを確認後判断。
1．北部体育館
2．北部武道館
3．清水スポーツセンター
4．植木弓道場
5．富合屋外運動場
5／31（火）まで閉鎖の施設
※6／1（水）以降の営業再開は、避難者の状況や施設の被害状況を確認後判断。
1．龍田体育館
2．武蔵塚武道場
3．北岡自然公園弓道場
5．植木総合スポーツセンター
6．明徳体育館
7．城南総合スポーツセンター
8．天明運動施設

9. 富合雁回館
10. 熊本市城南B&G海洋センター
11. 熊本市総合体育館・青年会館
12. 田迎公園運動施設（浜線健康パーク）
13. 水前寺競技場
14. 水前寺野球場
15. 熊本市総合屋内プール
16. 託麻スポーツセンター
17. 南部総合スポーツセンター

【閉館施設】

熊本県立劇場全面（6／20まで）

【4／18以降閉館決定施設】

※以下の施設はしばらくの間は営業できません。営業再開は被害状況を確認後判断（熊本市）。

熊本城・旧細川刑部邸
熊本市民会館
熊本市動植物園
勤労者福祉センター
職業訓練センター
事業内高等訓練校
食品交流会館
森都心プラザ
流通情報会館
北岡自然公園
立田自然公園
夏目漱石内坪井旧居
小泉八雲熊本旧居

熊本洋学校ジェーンズ邸
横井小楠記念館
徳富記念園
後藤是山記念館
御馬下の角小屋
リデル、ライト両女史記念館
田原坂資料館
現代美術館
くまもと工芸会館
三賢堂
龍田体育館
武蔵塚武道場
北部体育館
北部武道館
清水スポーツセンター
北岡自然公園弓道場
川尻武道館
植木総合スポーツセンター
植木総合スポーツセンター公園
植木弓道場
明徳体育館
城南総合スポーツセンター
天明運動施設
富合雁回館
熊本市城南B&G海洋センター
熊本市総合体育館・青年会館
田迎公園運動施設（浜線健康パーク）
南部総合スポーツセンター
託麻スポーツセンター
熊本市総合屋内プール

水前寺競技場
水前寺野球場
清水新地公園野球場
清水新地コート
北部公園
新屋敷公園テニスコート
河内グラウンド
熊本城公園テニスコート
飽田公園
城山運動施設
田原スポーツ公園
吉松スポーツ公園
塚原グラウンド
富合屋外運動場
雁回公園
城山公園
今熊公園

【熊本銀行】
◎くまもとローンセンター（熊本市中央区水前寺公園）
◎合志ローンセンター（合志市幾久富）
休業日の水曜・祝日も住宅ローン、事業資金の相談を受付

【日本郵便】

熊本県内在住で法人を除く被災者を対象に郵便物・れたっくす（速達料金を含む）の料金を免除。5月18日（水）まで。

【郵便物などの転送について】
ご自宅から転居、親戚・知人宅などへ一時的に避難されている方へ郵便物の転送を行う
※郵便局窓口備え付けの転居届を郵便局へ提出（運転免許証または健康保険証が必要）。

【郵便局】
土日臨時開局　益城郵便局　惣領郵便局
砥川郵便局　4月23日、24日　窓口営業時間午前9時～午後4時

【益城町・車両型郵便局】
◇車両型郵便局による郵便局サービスを開始
※4tトラック　カウンター・ATMを設置。
◇25（月）～益城町総合運動公園内
◎窓口サービス　平日10時～15時
◎ATMサービス　毎日10時～15時
※払込用紙による通常払込みは取り扱いなし。
【熊本市児童手当】

4月20日（水）支払い予定の児童手当については、振込先口座の銀行のシステムが稼働しているかどうか現時点（18日9時30分現在）で不明の状況です。従っ

て、振込先の銀行によっては20日（水）に払い出しが出来ない可能性がありますのでご了承ください。

※払い出し可能：肥後銀行、ゆうちょ銀行、熊本銀行（18日10時45分現在休業中の支店あり）

【被災者への公営住宅の無償提供】

◇熊本県公営住宅（70戸程度）
熊本県土木部建築住宅局住宅課０９６―３３３―２５５０

◇熊本市（２５０戸程度）
熊本市に住所を有する方
受付４月23日～５月２日まで
熊本市（中央区・北区・西区）市営住宅管理センター０９６―３２７―５１０１
熊本市（東区・南区）市営住宅管理センター０９６―３１１―７８３３

◇天草市（42戸）
熊本地震被災者相談窓口０９６９―２３―１１１１

◇上天草市（13戸）
受付４月24日まで　総務企画部企画政策課０９６４―２６―５５１１

◇錦町（９戸）
地域整備課管理係０９６６―３８―４４１８

◇人吉市（12戸）

建設部管理課市営住宅係0966―2
2―2111
◇水上村（2戸）
建設課0966―44―0315
◇市房山キャンプ場（7棟）産業振興課
0966―44―0314
◇荒尾市（3戸）
建設経済部建築住宅課住宅管理係09
68―63―1491
◇八代市（16戸）
八代市役所建築住宅課0965―33
―4122
◎受付　5月6日（金）まで　8時30分
～17時15分受付
八代市水処理センター内（2階）建築
住宅課
◎抽選会　5月7日（土）八代市水処理
センター内
◎5月9日（月）以降入居開始

【借上げ民間賃貸住宅の窓口開設】
◇4／14時点で熊本市に住所を有し、災
害により住居が全壊（大規模半壊含
む）の被害を受けた被災者を対象に熊
本市が民間賃貸住宅を借り上げ無償提
供。
◇原則1年（最長2年）
◇28（木）～受付（9時～17時）
※各区役所に窓口設置（東区は東部出張
所）

【被災者への公営住宅の無償提供（熊本以外）】

◇福岡県（県…455戸／市町村…267戸）
◎被災者住宅支援窓口　092―643―3870

◇佐賀県（県…55戸／市町村…95戸）
◎被災者住宅支援窓口　0952―25―7368

◇長崎県（県…220戸／市町村…231戸）
◎被災者の一時避難受入相談窓口　095―895―2046

◇大分県（県…64戸）
◎土木建築部公営住宅室　097―506―4684

◇宮崎県（県…141戸／市町村…430戸）
◎県土整備部建築住宅課公営住宅担当　0985―26―7196
※県職員宿舎…117戸　総務部総務課庁舎管理担当　0985―26―7290

◇鹿児島県（県…226戸）
◎土木部建築課住宅政策室　099―286―3735

【り災証明受付】

各市町村役場へお問い合わせを

【避難所での女性に対する暴力防止】
◎相談機関
◇熊本市DV相談専用電話　096―344―3322
◇性暴力被害者のためのサポートセンター　ゆあさいどくまもと　096―386―5555
◇熊本県警察本部レディース110番　0120―8343―81

警察情報・サイド⑮
【熊本県警】
インターネットや携帯電話のメールなどで、熊本地震に関して根拠の不確かな情報が流れています。

○不確かな情報を鵜呑みにしてあわてて行動せず、報道や行政機関の信頼できる情報源で真偽を確かめて行動してください。
○不確かな情報の書き込みや、不確かな情報の転送はやめましょう。
○避難中の留守宅を狙った空き巣等の発生が予想されます。家を留守にする時は、
★戸締りを確実に
★貴重品を自宅に置かない
★車両の施錠を確実に
★不審な人や車を見かけた場合は、110番または管轄警察署へ通報を
災害時のわいせつ・声かけに注意して

ください
★子どもや女性を1人にせず、複数で行動する
★夜間の行動は避ける
★人通りの多いところを通行する
★歩きながらのスマートフォン使用はさける
★被害にあいそうになったら大声で助けを求める、防犯ブザーを鳴らす
★不審者（車）を目撃したら、車のナンバーなどをメモし、最寄の警察署へ情報提供を

イベント中止等情報・サイド⑯

【イベント等変更・中止情報】
◎運転免許センター更新手続きなど通常通り
【熊本市職員採用試験】
◎中込期間　4月22日（金）～5月6日（金）→～5月13日（金）に延長
◇上級職◇保健師◇上級消防職◇文化財専門職◇獣医師◇技術職（土木）
◎一部採用選考試験中止
◇薬剤師◇管理栄養士◇助産師◇看護師Ⅰ◇看護師Ⅱ◇診療放射線技師◇臨床検査技師
◎4月19日（火）巨人対中日戦は中止します。

あとがき

まさか風化したわけでもあるまい。

熊本地震から半年も経たないのに、その後のテレビ報道を見ない。地元メディアは、復興へ向けて災害後の地道な報道を続けているが、東京からの全国報道が急激に減った。

NHKは、ピーク時に550人のスタッフを熊本へ投入した。もちろん民放局も、NHKほどではないが、系列局からの応援スタッフが熊本へ入った。これだけの大人数を投入し被災地に入ったが、被災者が満足する情報、救援者に必要な情報、自治体の広報情報に対する支援協力は十分であったのだろうか?

災害発生時の報道と同じように、その後の復興の手助けや進捗状況を報道することが被災者に寄り添うことになる。

今のテレビ局は集中取材力はあるが、持続力がないのかもしれない。テレビは「移り気メディア」になってしまったのだろうか？

　そうであるならば、地域に寄り添うラジオ「コミュニティＦＭ」が、「テレビの補完メディア」として機能する仕組みを社会的に構築することで、被災者もより安心できるのではないだろうか。そのためには、「コミュニティＦＭ」のスタッフや経営陣が災害報道に対する意識を高めることが求められる。

「スタッフの取材力」「パーソナリティーの表現力」「経営サイドの後方支援力」など克服すべき課題は多い。

取材協力者

松本富士男様（熊本シティエフエム）　長生　修様（熊本シティエフエム）
松岡　洋一様（熊本シティエフエム）　上村　鈴治様（熊本シティエフエム）
古庄美奈子様（熊本シティエフエム）　山本　安幸様（ＦＭゆきぐに）
高橋　厚様（りんごラジオ）　脇屋　雄介様（ＦＭながおか）
小川　真人様（熊本県民テレビ）

■著者略歴

米村秀司（よねむら・しゅうじ）

1949年生まれ。1971年３月、同志社大学卒。1971年４月、ＫＴＳ鹿児島テレビ放送入社。報道部長、編成業務局長、企画開発局長などを経て現在、鹿児島シティエフエム代表取締役社長。1999年10月、ザビエル上陸顕彰会のメンバーとして鹿児島市のザビエル公園にザビエル、ヤジロウ、ベルナルドの３体の像を建立（現存）。カトリック鹿児島司教区と連携し、現存する「ザビエルの右腕（イタリア国重要文化財）」をローマから鹿児島に招聘。1999年４月、ザビエルのブロンズ像【KTS開発（現KCR）製作】を有志とバチカン市国へ贈呈。ローマ法王ヨハネパウロ２世に特別謁見。2008年５月、ザビエル来訪地、鹿児島県日置市東市来町にザビエル像を有志と建立（現存）。

【主な著書等】
「テレビ対談・さつま八面鏡」（鹿児島テレビ放送（編・著）、1979年10月）
「欽ちゃんの全日本仮装大賞」（日本テレビ放送網（共・編）、1983年９月）
「博学紀行・鹿児島県」（福武書店（共著）、1983年11月）
「スペインと日本」（行路社（共著）、2000年３月）
「消えた学院」（ラグーナ出版、2011年７月）
「ラジオは君を救ったか？」（ラグーナ出版、2012年６月）
「第18回日本自費出版文化賞」に入選
「岐路に立つラジオ」（ラグーナ出版、2015年５月）
「日本図書館協会選定図書」に選ばれる

そのときラジオは何を伝えたか
―熊本地震とコミュニティＦＭ―

二〇一六年九月十六日　第一刷発行
二〇一六年十月二十一日　第二刷発行

著　者　米村秀司
（鹿児島シティエフエム㈱　代表取締役社長）
発行者　川畑善博
発行所　株式会社 ラグーナ出版
〒八九二－〇八四七
鹿児島市西千石町三－二六－三Ｆ
電　話　〇九九－二一九－九七五〇
ＦＡＸ　〇九九－二一九－九七〇一
URL http://www.lagunapublishing.co.jp
e-mail info@lagunapublishing.co.jp

装幀　栫　陽子

印刷・製本　有限会社創文社印刷
定価はカバーに表示しています
乱丁・落丁はお取り替えします
ISBN978-4-904380-56-7　C0036